应用型本科信息大类专业"十三五"规划教材

# 数字电路实验教程

## （基于FPGA平台）

主编 王术群 肖健平 杨丽

中国·武汉

## 内容简介

本书是一本兼顾传统设计方法和FPGA设计的数字电路课程实验书。

本书由基础型、综合型、设计型、拓展创新型四层次由浅入深，与理论课程紧密贴合的实验项目组成。全书共分四部分，内容包括：FPGA的实验平台软硬件介绍；传统实验平台实验；基于FPGA平台实验——原理图篇；基于FPGA平台实验——程序篇。

本书结构合理，层次清楚，不仅可作为电子、通信、控制、计算机应用等专业在校学生的实验用教材，也可作为数字电路工程技术人员和电子制作爱好者的参考用书。

**图书在版编目(CIP)数据**

数字电路实验教程：基于FPGA平台/王术群，肖健平，杨丽主编. — 武汉：华中科技大学出版社，2020.6
应用型本科信息大类专业"十三五"规划教材
ISBN 978-7-5680-6051-6

Ⅰ.①数…　Ⅱ.①王…②肖…③杨…　Ⅲ.①数字电路-实验-高等学校-教材②可编程序逻辑器件-系统设计-高等学校-教材　Ⅳ.①TN79-33②TP332.1

中国版本图书馆CIP数据核字(2020)第096560号

**数字电路实验教程(基于FPGA平台)**　　王术群　肖健平　杨丽　主编
Shuzi Dianlu Shiyan Jiaocheng(Jiyu FPGA Pingtai)

策划编辑：康　序
责任编辑：狄宝珠
封面设计：孢　子
责任监印：朱　玢
出版发行：华中科技大学出版社(中国·武汉)　　电话：(027)81321913
武汉市东湖新技术开发区华工科技园　　邮编：430223
录　　排：武汉三月禾文化传播有限公司
印　　刷：武汉市籍缘印刷厂
开　　本：787mm×1092mm　1/16
印　　张：9
字　　数：230千字
版　　次：2020年6月第1版第1次印刷
定　　价：35.00元

# 前言

PREFACE

随着计算机技术和半导体技术的发展，特别是随着 FPGA(现场可编辑程门阵列)及其硬件描述语言的使用频率不断增高，传统的数字电路教学及实验已不能适应现代电子技术的不断发展。

本书是为“数字电路”课程编写的基于 FPGA 平台的实验教材，宗旨是希望能在传统实验和计算机辅助设计工具的实际应用之间提供一种恰到好处的平衡，主要内容由基于传统实验平台实验＋基于 FPGA 平台实验两部分共同组成。基于传统实验平台的验证性实验选取的是经典的传统试验，其难度循序渐进，直观形象，符合学生的认知梯度，由学生分别在 2～3 周内完成，作为基本技能训练。基于 FPGA 平台实验运用计算机辅助设计工具，可以让学生了解自动化设计技术的优点与趋势。这个部分结合理论课程基本概念设计了许多由简到难的渐进式实验项目。这些项目涉及一些简单的电路设计，我们用原理图或硬件语言文本方式均可完成这些电路的设计。在基本概念建立起来之后，教师要引导学生掌握项目的实现方法，了解电路的多样性及可移植性，后期可以很方便地拓展实现一些比较复杂的案例，甚至进行自主创新性设计，这是传统实验很难实现的。

本书使用的 FPGA 平台实验主要采用基于 Xilinx Artix 7 系列芯片的 Basys3 板卡或者 EGo1 开发板，当然选其他的 FPGA 开发板也是可以的。

本书中使用的计算机辅助设计工具即开发软件是 Xilinx 公司的 Vivado 软件。Vivado 能自动地把设计映射到 Xilinx 公司的 FPGA 中。学生可以进行功能仿真，也可以对最终电路进行详细的时序仿真。如果仿真成功，下载后可以在真实的芯片中实现设计。

Vivado 提供了两种设计输入工具：硬件描述语言(HDL)和电路原理图。在本书中，第 3 章提供了电路原理图输入设计的大量例子。FPGA 开发流程比较复杂，加之 Vivado 软件纯英文的界面，这对大二的学生来说都是不可小视的难点。如果实验可以绕开硬件描述语言，调用 IP 核，只做电路原理图，那么这对于课时紧张的学校是一种可行的选择。但是不能回避基于硬件描述语言的设计，因为这种方法在实际应用中效率最高。本书第 4 章详细地描述了基于 Verilog 语言的大量实验案例，相信学生掌握了这些，可以了解现代数字电路的设计方法，为成为数字电路设计师打下坚实的基础。本书主要内容如下。

第 1 章介绍实验硬件平台和软件平台，使同学们快速认识并使用平台。

第 2 章保留了三个传统实验，测试实物芯片参数指标，使同学们对芯片有直观的认识，完成基础型实验。

第 3 章为 IP 核调用，用原理图输入法、HDL 语言零基础完成综合设计型实验。这部分是整本书的核心部分，不光有三变量表决电路、四路竞赛抢答器这样的单一实验，更有数字钟这样的大型完整案例。这里，数字钟案例被拆分成显示译码、计数器、二进制计数器显示等由简到难的实验项目。

第 4 章给出第 3 章对应实验的 Verilog 代码，供同学们学习，在理解的基础上修改代码完成对应综合设计型实验。这章由容易理解的实验案例入手，弱化 HDL 语法，同学们不再感到枯燥乏味，而是觉得水到渠成。当然这部分也给出了有限状态机三进程模板，以供同学们完成对应拓展创新型实验。

教学中，本书中的所有实验可以在一个学期内完成；如果课时不够，实验也可以在半个学期内完成（只讲解第 1～3 章，不讲解第 4 章）。当然，本书不仅适用于“数字电路”课程，还适用于一般的 EDA（电子设计自动化）设计课程。

本书的编写工作，在 Xilinx 大学计划的支持下进行，获得了大量的软硬件平台资料，西南民族大学电子教研室亦给予了很多帮助，在此一并表示感谢。本书第 1 章、附录 A 由肖健平执笔，第 2 章由杨丽执笔，第 3 章、第 4 章由王术群执笔。全书由王术群统稿。

为了方便教学，本书还配有相关教学资料，任课教师可以发邮件至 hustpeiit@163. com 索取。

由于编者水平有限，书中难免有疏漏之处，请读者提出宝贵意见，以便于本书修订和完善。

编　者

2019 年 4 月

# 目录

CONTENTS

# 第1章 基于FPGA的实验平台介绍

**内容概要**

数字电路实验是培养学生电子技术基本技能的实验教学课。随着 FPGA 及其硬件描述语言的使用频率不断增高，引入 FPGA 实验模式，让 FPGA 技术与数字电路实验结合起来，可以弥补传统数字电路教学及实验的不足，是当今电子技术设计的趋势。在后文中会在结合传统试验的基础上，引导大家学习 FPGA 技术，根据需要设计电路，选择 IP 库文件，构建原理图或程序源文件，并最终通过下载到硬件开发板实现项目的完成。

## 1.1 FPGA 的基本结构及特点

### 1.1.1 FPGA 的基本结构

现场可编程门阵列(FPGA，field programmable gate array)由美国 Xilinx 公司在 20 世纪 80 年代中期首先推出。FPGA 包括 3 种可编程的基本结构单元：可编程逻辑块(CLB，configurable logic block)、可编程 I/O 块(IOB，I/O block)和互联资源(IR，interconnect resource)。FPGA 基本结构如图 1-1 所示。

下面对这三部分进行简要介绍。

**1. 可编程逻辑块**

CLB 是实现组合逻辑、时序逻辑以及各种运算等绝大多数逻辑功能的基本单元，它以阵列形式分布于整个芯片。目前市场上 FPGA 的 CLB 多采用查找表结构，比如 Xilinx 公司的 Spartan 和 Virtex 系列，Altera 公司的 ACEX、APEX。

查找表(LUT，look-up-table)实质上就是一个 RAM，比如目前 FPGA 中常见的 4 输入的 LUT，就可以看成 4 位地址线的 RAM。当用户用原理图或硬件描述语言描述一个逻辑电路后，软件就自动计算出所有可能的逻辑结果写入 LUT，当输入信号进行逻辑运算时，相当于输入一个地址查表找到相应的数据从而得到运算结果。在 Spartan 系列的一个 CLB 里有 2 个 Slice，每个 Slice 包括 2 个 LUT、2 个触发器和 2 个进位控制逻辑。

**2. 可编程 I/O 块**

IOB 是内部逻辑和芯片外部封装管脚的连接接口，常位于芯片的四周。一个 IOB 控制一个管脚，可将管脚定义为输入、输出或双向。

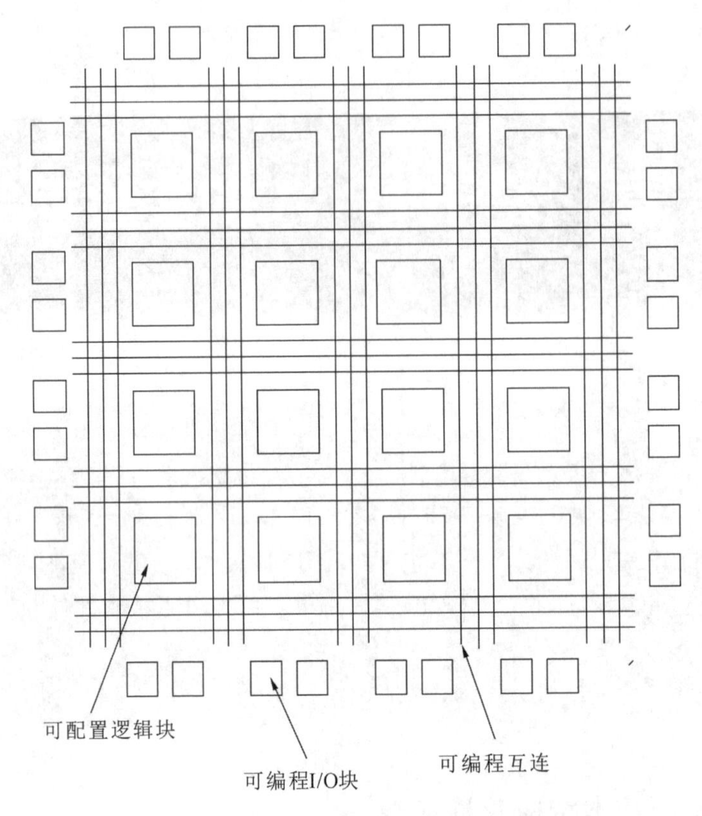


**图 1-1　FPGA 的基本结构**

**3. 互联资源**

IR 将 CLB、I/O 块以及其他结构单元连接起来，为两层(一层水平方向，另一层垂直方向)的格栅结构的金属布线。在交叉点上设有可编程开关或可编程开关矩阵，通过对这些开关或开关矩阵进行编程实现不同结构单元的连接。IR 可分为单程线、双程线和多程线三种。单程线是贯穿 CLB 之间，双程线的长度是单程线的两倍，贯穿两个 CLB 之间，多程线贯穿整个 CLB 矩阵，不经过开关和矩阵，信号延时小，用于一些关键信号和全局信号。

### 1.1.2　FPGA 的特点

与复杂可编程逻辑器件(CPLD，complex programmable logic device)相比 FPGA 的特点主要如下。

(1) FPGA 没有采用 PLD 器件的与或阵列，在设计复杂或特殊系统时更加灵活。

(2) FPGA 更加适合描述时序逻辑。

(3) FPGA 通常由多个 CLB 组合实现逻辑功能，每个信号的传输路径会不同，因此延迟时间不能确定。

(4) FPGA 的配置数据保存在静态随机存取存储器(static random-access memory，SRAM)类型的内部锁存器中，若掉电数据丢失，只能从计算机或器件中的外部存储器重新加载数据。

## 1.2 基于FPGA的设计流程

FPGA的设计流程指的是借助EDA(electronic design automation)开发软件对FPGA芯片进行开发的过程。FPGA开发的典型流程如图1-2所示，包括设计输入、综合前仿真、综合、综合后仿真、实现(适配)、实现后仿真、配置等主要步骤。

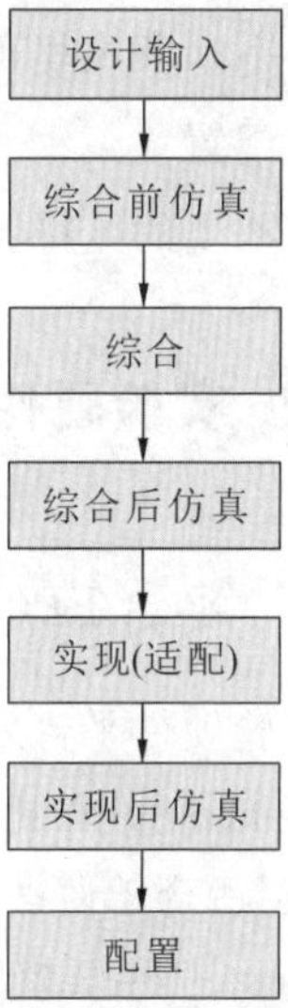

设计输入 → 综合前仿真 → 综合 → 综合后仿真 → 实现(适配) → 实现后仿真 → 配置

图1-2　FPGA典型设计流程

**1. 设计输入**

设计输入是将所设计的电路系统以一定的形式表示出来，输入到EDA软件的过程。常用的方法有原理图和硬件描述语言(HDL)两种。原理图输入方式在早期EDA工具中普遍采用，它在元件库中调用所需的元件符号，连线画出原理图。这种方法的优点是很直观，但缺点是效率很低，不方便维护，可移植性差，不利于模块重用。目前，原理图方法已经逐渐被取代，在实际开发中应用最为广泛的是HDL。HDL利用文本描述硬件电路功能、信号连接以及时序关系。

**2. 综合前仿真**

综合前仿真是功能仿真，在编译之前对源代码进行逻辑功能验证，此时利用图形化波形编辑器或HDL添加测试向量和波形文件，对功能进行初步的检测。对于大型系统，综合和适配会花费大量时间，在综合前进行功能仿真，可以大大减少重复的次数和时间，如果是简单的设计，这一步骤可以省略。

**3. 综合**

综合的过程是将设计者输入的原理图或HDL编译、综合优化，转化成与门、或门、非门、触发器、RAM等基本逻辑单元构成的逻辑连接网表。网表文件包括单元(cell)、引脚(pin)、端口(port)和网线(net)四个部分。单元可能是项目中模块(modules)/实体(entities)的例示、标准库元件例示(触发器、存储器、DSP模块等)等，引脚是单元之间的连接点，端口是项目顶层的输入和输出端口，网线是引脚与端口以及引脚与引脚之间的连接线。综合的第一步是进行语法检查看HDL有无语法错误，如果有，将给出出错的位置和信息。

**4. 综合后仿真**

综合后仿真是时序仿真，是通过把综合所生成的标准延时文件反标注到仿真模型中，来对门延时进行估计，不涉及线延时，仿真结果与实际情况有比较大的出入，并不十分准确。一般来说该步骤可以省略。

**5. 实现(适配)**

实现是将综合得到网表文件翻译成所选FPGA器件型号的底层结构与硬件原语，将设计映射到器件结构的资源中，根据物理约束和用户约束，进行布局布线，产生配置文件(比特流文件)。布局一般需要在面积和速度最优之间选择，布线根据布局建立的拓扑结构，利用FPGA内部的连线资源，合理连接各器件。实现完成后，会生成报告，说明芯片内部资源的使用情况。

**6. 实现后仿真**

实现后仿真为时序仿真，是把布局布线的延时信息反标注到网表中，从而检测有无时序违规，包括不满足时序约束条件、器件的建立时间、器件的保持时间等。此时的时序仿真能反映出不同芯片和布局布线对延时的不同影响，较好地反映了设计项目的实际延时情况。

**7. 配置**

将产生的比特流文件通过下载电缆下载到 FPGA 芯片中。

## 1.3 实验硬件平台

### 1.3.1 平台 FPGA 器件

实验硬件平台采用 Xilinx7 系中的 Artix-7，此系列专为最低成本和功耗而优化。与上一代 Spartan-6 相比，功耗下降 50%，成本下降 30%。采用小型化、低成本的芯片级 BGA 封装，特别适合于便携式医疗设备、小型无线电基础设施和军用无线电等产品。

Artix-7 主要资源如表 1-1 所示。

**表 1-1 Artix-7 主要资源**

| Device | Logic cells | CLBs | | Block RAM Blocks/kb | DSP Slices | Max User I/O |
|---|---|---|---|---|---|---|
| | | Slices | Max Distributed RAM/kb | | | |
| XC7A12T | 12800 | 2000 | 171 | 720 | 40 | 150 |
| XC7A15T | 16640 | 2600 | 200 | 900 | 45 | 250 |
| XC7A25T | 23360 | 3650 | 313 | 1620 | 80 | 150 |
| XC7A35T | 33280 | 5200 | 400 | 1800 | 90 | 250 |
| XC7A50T | 52160 | 8150 | 600 | 2700 | 120 | 250 |
| XC7A75T | 75520 | 11800 | 892 | 3780 | 180 | 300 |
| XC7A100T | 101440 | 15800 | 1188 | 4860 | 240 | 300 |
| XC7A200T | 33650 | 33650 | 2888 | 13140 | 740 | 500 |

### 1.3.2 Basys 3 硬件平台

Basys 3 板是基于最新 Artix-7 的数字电路开发平台，可设计范围从入门组合电路到复杂的时序电路，如嵌入式处理器和控制器。FPGA 器件型号 XC7A35T-1CPG236C，使用 Digilent Pmods(传感器输入、A/D 转换、D/A 转换、电机驱动器等)或其他定制板和电路进行扩展。Basys 3 板卡实物如图 1-3 所示，图上标注了各部分的功能。

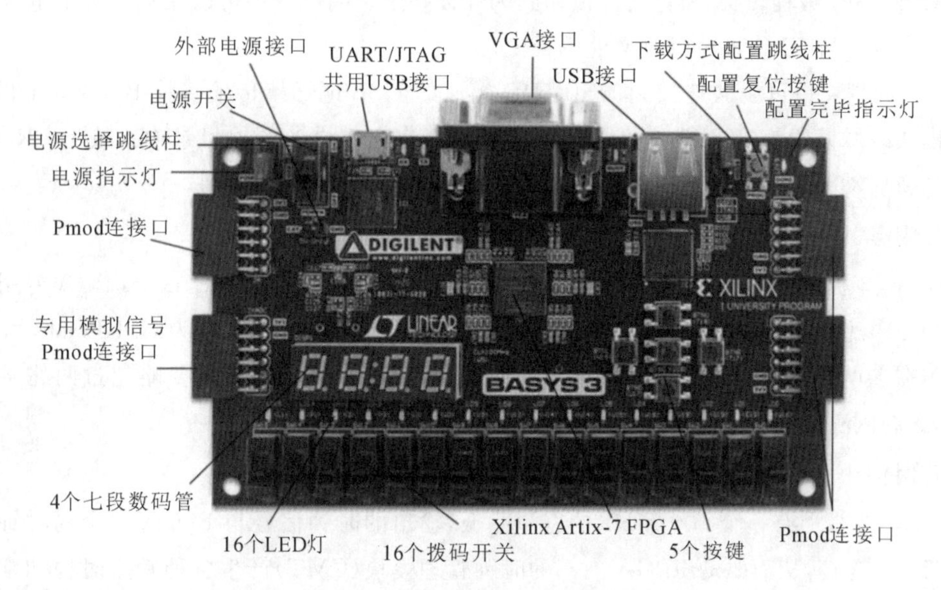


图 1-3　Basys3 板卡实物图

**1. 电源**

Basys 3 板由 USB/JTAG 接口或 5 V 外部电源供电。电源选择跳线柱(靠近电源开关)确定使用哪种电源。Basys 3 板的电源通过电源开关(SW16) 打开和关闭。由 LTC3633 电源驱动的电源指示 LED(LD20)亮,表示电源已打开并正常运行。USB 端口可为绝大多数设计提供足够的功率。但一些要求苛刻的应用,如驱动多个外围设备路板的应用,可能需要的功率比 USB 端口能提供的更大。此外,某些应用可能需要在不连接 PC 机 USB 端口的情况下运行。在这些情况下,可以使用外部电源或电池组。

通过插入外部电源接头(J6) 并将跳线 JP2 设置为"EXT",可以使用外部电源。外部电源必须提供 4.5VDC 至 5.5VDC 和至少 1A 的电流。通过将电池的正极端子连接到 J6 的"EXT"引脚,将负极端子连接到 J6 的"GND"引脚,可以使用外部电池组。

**2. FPGA 配置**

上电后,必须先配置(或编程)Artix-7 FPGA 才能执行所有功能。FPGA 配置数据称为比特流文件,该文件具有.bit 文件扩展名。Xilinx 的 Vivado 软件可以从 VHDL、Verilog 或基于原理图的源文件创建比特流。

Basys 3 板可以通过以下三种方式之一配置 FPGA。

(1) PC 可以使用 USB/JTAG 接口(portJ4,标记为"PROG")在电源开启时对 FPGA 进行编程。将模式跳线设置为 JTAG。比特流文件存储在 FPGA 内的基于 SRAM 的存储器单元中。这些数据定义了 FPGA 的逻辑功能和电路连接,它通过关闭电路板电源,按下 PROG 输入端的复位按钮或使用 JTAG 端口写入新的配置文件来擦除。成功编程后,FPGA 将使"DONE"LED 亮起。随时按"PROG"按钮将重置 FPGA 中的配置存储器。复位后,FPGA 将立即尝试从编程模式跳线选择的方法重新编程。

(2) 存储在非易失性串行(SPI)闪存器件中的文件可以使用 SPI 端口传输到 FPGA。Basys 3 板包含一个 32Mbit 非易失性串行闪存器件。模式跳线设置为 SPI Flash,用 Vivado

执行 Quad-SPI 编程,. bit 配置文件传输到闪存设备中。闪存设备可以在随后的上电或复位事件中自动配置 FPGA,掉电时文件不丢失。

(3) 编程文件可以从连接到 USB HID 端口的 USB 记忆棒传输。将 Basys 3 上的 JP1 编程模式跳线设置为“USB”,单个. bit 配置文件放在存储设备的根目录中。按下 PROG 按钮或重新启动 Basys 3,FPGA 将在所选存储设备上自动配置. bit 文件。

**3. 闪存**

Basys 3 板包含一个 32Mbit 非易失性串行闪存器件,它连接到 Artix-7 FPGA 专用的四模(x4) SPI 总线。FPGA 配置文件写入 Quad SPI Flash,模式设置为 SPI Flash,可以使 FPGA 在上电时自动从该器件读取配置。Artix-7 35T 配置文件只需要略超过两兆字节的内存,大约闪存空间的 48%来存储用户数据。

**4. 时钟**

Basys 3 板上有一个 100 MHz 的有源晶振,输出的时钟信号与 FPGA 的全局时钟输入引脚(W5) 连接,从而驱动 FPGA 内部的时钟管理模块(CMT)产生各种频率时钟和常用相位。Xilinx Artix-7 FPGA 内有 24 个 CMT,每一个 CMT 由一个混合模式时钟管理器(MMCM)和一个锁相环(PLL)组成。Xilinx Artix-7 提供六种不同类型的时钟线(BUFG、BUFR、BUFIO、BUFH、BUFMR 和高性能时钟)来满足高扇出、短传输延迟和低抖动等需要。

Xilinx 提供 LogiCORE 时钟向导 IP,帮助用户生成特定所需的不同时钟设计。该向导根据用户指定的频率和相位,正确地例化所需的 MMCM 和 PLL。然后,向导将输出一个易于使用的组件,可以插入用户设计的项目。

**5. 基本 I/O**

Basys 3 板包括十六个拨码开关、五个按钮、十六个独立 LED 和一个四位七段显示管。

按钮和拨动开关通过串联电阻连接到 FPGA,以防止意外短路造成的损坏。五个按钮是“瞬时”开关,按下输出高电平,默认为低电平输出。拨码开关(16 个)上拨输出高电平,下拨输出低电平。16 个独立的 LED 的阳极通过 330 Ω 电阻连接到 FPGA,当 FPGA 引脚输出为高电平时,对应的 LED 点亮。

而四位共阳极的七段 LED 数码管,每位数字的七个 LED 的阳极连接在一起,形成一个“共阳极”电路节点,但是 LED 阴极分离,如图 1-4 所示。有四个“使能信号”AN0～AN3 输入到 4 位数码管,四个数码管上的相同段的阴极连接成七个标记为 CA 到 CG 的电路节点。为照亮一个字段,阳极应为高电平,而阴极为低电平。但是,Basys 3 使用晶体管来驱动共阳极点,阳极使能反转。因此,AN0～AN3 和 CA～CG/DP 信号都为低电平有效。也就是 AN0～AN3 某位为低电平,对于数码管阳极就为高电平,当 CA～CG/DP 为低电平,对应数码管字段或小数点点亮。

在实际应用中,一般采用动态扫描电路来实现多个数码管同时显示。此种方式利用人眼的视觉暂留效应,如果更新或“刷新”速率减慢到大约 45 Hz,人眼会观察到闪烁。所有四个数字应该每 1～16 ms 轮流点亮一次,刷新频率为 1 kHz～60 Hz,此时人眼观察到四个数码管同时点亮。

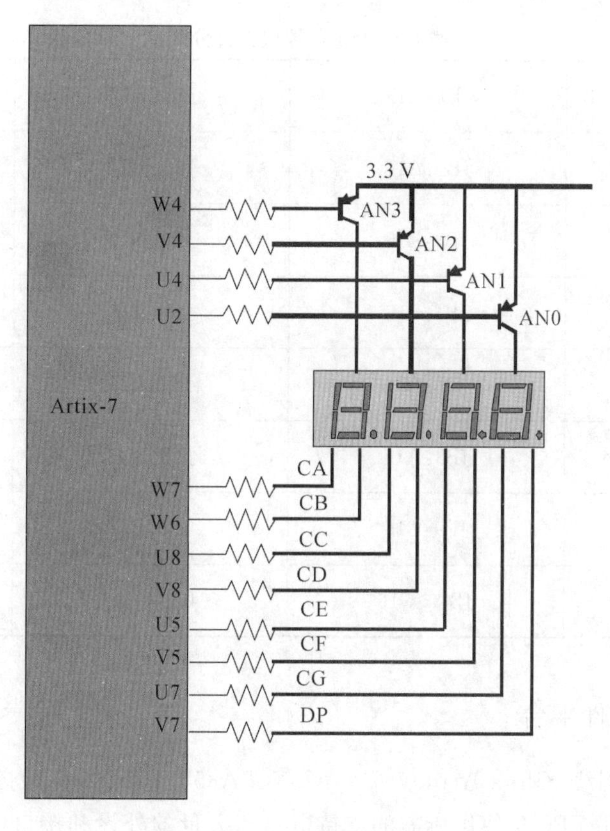


图 1-4　数码管电路

**6. VGA 接口**

VGA 接口的 14 位信号线与 FPGA 相连，包括各 4 位的红、绿、蓝三色信号、1 位行同步信号和 1 位场同步信号，可显示 4096 种颜色。

**7. Pmod 端口**

Pmod 端口的 12 个引脚提供两个 3.3 V $V_{CC}$ 信号（引脚 6 和 12），两个接地信号（引脚 5 和 11）和 8 个逻辑信号，如图 1-5 所示。VCC 和接地引脚可以提供高达 1A 的电流。连接到 FPGA 的 Pmod I/O 的引脚分配如表 1-2 所示。Digilent 提供 Pmod 附件板，可附加到 Pmod 扩展端口以添加现成的功能，如 A/D、D/A、电机驱动器、传感器等。

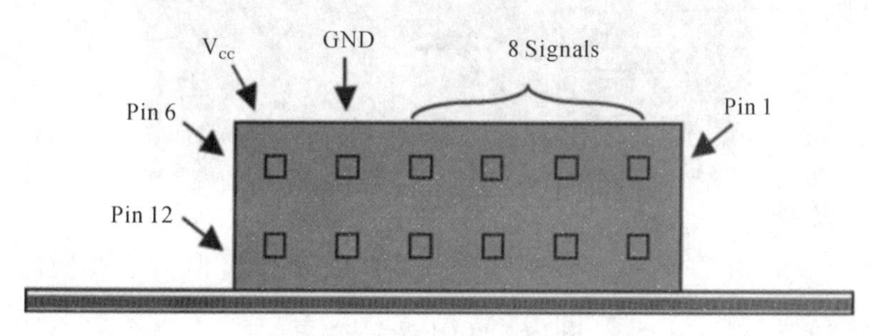


图 1-5　Pmod 端口

表 1-2 Pmod 端口引脚分配

| JA1:J1 | JB1:A14 | JC1:K17 | JXADC1:J3 |
|---|---|---|---|
| JA2:L2 | JB2:A16 | JC2:M18 | JXADC2:L3 |
| JA3:J2 | JB3:B15 | JC3:N17 | JXADC3:M2 |
| JA4:G2 | JB4:B16 | JC4:P18 | JXADC4:N2 |
| JA7:H1 | JB7:A15 | JC7:L17 | JXADC7:K3 |
| JA8:K2 | JB8:A17 | JC8:M19 | JXADC8:M3 |
| JA9:H2 | JB9:C15 | JC9:P17 | JXADC9:M1 |
| JA10:G3 | JB10:C16 | JC10:R18 | JXADC10:N1 |

### 1.3.3 EGO1 硬件平台

EGO1 板卡是围绕 Xilinx Artix-7 FPGA(XC7A35T-1CSG236C)搭建的硬件平台。与 Basys 3 类似,集成了 FPGA 使用所需的支持电路和大量的外设和接口,可以用于基本逻辑器件的实现,也可以用于复杂数字电路系统的设计。EGO1 板卡实物如图 1-6 所示,图上标注了各部分的功能。由于与 Basys 3 的结构和功能类似,下面仅对两者不同之处做简要介绍,更具体的使用内容,参见附录。

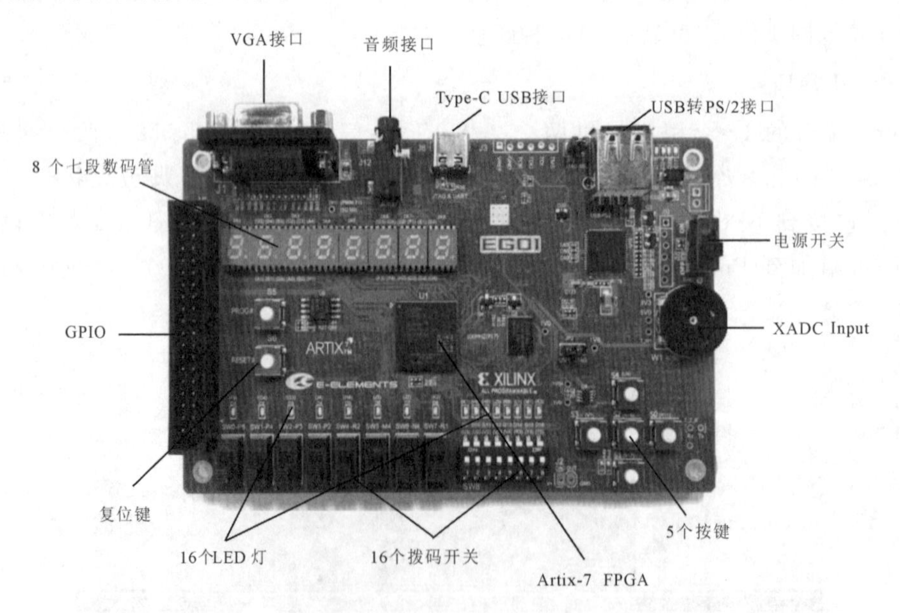


图 1-6 EGO1 板卡实物图

**1. 电源**

供电方式有两种:Type-C USB 供电或者 5 V 外接直流电源。Type-C USB 包括 UART 和 JTAG 两种。上电成功后 LED 灯(D18) 点亮。通过供电配置跳线来选择供电模式。

**2. FPGA 配置**

配置方式有以下三种:SPI Flash 模式、Type-C USB 转 JTAG 接口模式、6-pin JTAG 接口。

FPGA 的配置文件为后缀名.bit 的文件,用户可以通过上述的三种方法将该.bit 文件烧写到 FPGA 中,该文件可以通过 Vivado 工具生成,BIT 文件的具体功能由用户的原始设计文件决定。

在使用 SPI Flash 配置 FPGA 时,需要提前将配置文件写入 Flash 中。Vivado 提供了写入 Flash 的功能。板上 SPI Flash 型号为 N25Q32,支持 3.3 V 电压配置。FPGA 配置成功后 D24 将点亮。

**3. 时钟**

EGO1 上有一个 100 MHz 的有源晶振,输出的时钟信号与 FPGA 的全局时钟输入引脚(P17)连接。若设计中还需要其他频率的时钟,可以采用 FPGA 内部的 MMCM 生成。

**4. 通用 I/O 接口**

EGO1 通用 I/O 接口包括专用按键(2 个)、LED 灯(16 盏)、按键开关(5 个)、4 位 7 段数码管(2 片)、拨码开关(16 个)、8 位 DIP 开关(1 个)。

专用按键(2 个):RST(S6) 用于逻辑复位。PROG(S5) 用于擦除 FPGA 配置。当不需要外部触发复位时,RST 按键可用于其他逻辑触发。默认为高电平,按键按下时输出低电平。

按键开关(5 个):默认 FPGA 的相应输入引脚为低电平,按下则为高电平。

拨码开关(16 个)、8 位 DIP 开关(1 个):上拨输出高电平,下拨输出低电平。

LED 灯(16 盏):接收到 FPGA 输出的高电平时点亮。

4 位 7 段数码管(2 片):共阴极数码管,FPGA 输出的片选信号和段选信号都为高电平时,被选中数码管的对应段点亮。

VGA 接口:14 位信号线与 FPGA 相连,包括各 4 位的红、绿、蓝三色信号、1 位行同步信号和 1 位场同步信号。

通用目的输入/输出端口(GPIO):32 针,用户可用于扩展连接其他的外围设备。

USB-UART/JTAG 接口(Type-C):USB-UART 和 USB-JTAG 共用接口,用户使用 USB 线将此接口与 PC 机的 USB 端口相连,实现对板卡的供电、下载和与上位机通信。UART 为通用异步收发串口。

USB 转 PS2 接口:用于接入标准的 USB 键盘鼠标设备,通过 PIC24FJ128 芯片转换成标准的 PS/2 接口信号与 FPGA 通信。此接口只能连接一个键盘或鼠标。

为了方便使用,表 1-3 列出了最常用平台外设与 FPGA I/O PIN 的对应关系,方便管脚约束。更具体的使用内容,参见附录 A。

表 1-3 平台外设与 FPGA IO PIN 对应关系

| 板卡标号 | 名　称 | FPGA I/O PIN | 板卡标号 | 名　称 | FPGA I/O PIN |
|---|---|---|---|---|---|
| Clk | 时钟信号 | P17 | SW0 | 8 个拨码开关 | P5 |
| S6 | 逻辑复位 | P15 | SW1 | | P4 |
| D0 | 16 个绿色 LED 灯 | F6 | SW2 | | P3 |
| D1 | | G4 | SW3 | | P2 |
| D2 | | G3 | SW4 | | R2 |
| D3 | | J4 | SW5 | | M4 |
| D4 | | H4 | SW6 | | N4 |
| D5 | | J3 | SW7 | | R1 |
| D6 | | J2 | SW8 | 8 位 DIP 开关 | U3 |
| D7 | | K2 | | | U2 |
| D8 | | K1 | | | V2 |
| D9 | | H6 | | | V5 |
| D10 | | H5 | | | V4 |
| D11 | | J5 | | 五个通用按键 | R3 |
| D12 | | K6 | | | T3 |
| D13 | | L1 | | | T5 |
| D14 | | M1 | S0 | | R11 |
| D15 | | K3 | S1 | VGA 接口(J1)红色信号 | R17 |
| A0 | 第 0 组七段数码管段选 | B4 | S2 | | R15 |
| B0 | | A4 | S3 | | V1 |
| C0 | | A3 | S4 | | U4 |
| D0 | | B1 | RED | VGA 接口(J1)绿色信号 | F5 |
| E0 | | A1 | | | C6 |
| F0 | | B3 | | | C5 |
| G0 | | B2 | | | B7 |
| DP0 | | D5 | GREEN | VGA 接口(J1)蓝色信号 | B6 |
| A1 | 第 1 组七段数码管段选 | D4 | | | A6 |
| B1 | | E3 | | | A5 |
| C1 | | D3 | | | D8 |
| D1 | | F4 | BLUE | 行同步信号 | C7 |
| E1 | | F3 | | | E6 |
| F1 | | E2 | | | E5 |
| G1 | | D2 | | | E7 |
| DP1 | | H2 | H-SYNC | | D7 |
| DN0_K1 | 第 0 组七段数码管片选信号 | G2 | V-SYNC | 场同步信号 | C4 |
| DN0_K2 | | C2 | AUDIO PWM | 单声道音频输出接口(J12) | T1 |
| DN0_K3 | | C1 | AUDIO SD | | M6 |
| DN0_K4 | | H1 | UART RX | FPGA 串口发送端 | T4 |
| DN1_K1 | 第 1 组七段数码管片选信号 | G1 | UART TX | FPGA 串口接收端 | N5 |
| DN1_K2 | | F1 | 15 | USB 转 PS2 接口 | K5 |
| DN1_K3 | | E1 | 12 | USB 转 PS2 接口 | L4 |
| DN1_K4 | | G6 | | | |

## 1.4 HDL 硬件语言简介

随着电子设计技术的飞速发展，设计的集成度、复杂度越来越高，传统的设计方法已满足不了设计的要求，因此要求能够借助当今先进的EDA工具，使用一种描述语言，对数字电路和数字逻辑系统能够进行形式化的描述，这就是硬件描述语言。为了把复杂的电子电路用文字文件方式描述，诞生了最初的硬件描述语言。硬件描述语言HDL（hardware description language）是一种用形式化方法来描述数字电路和数字逻辑系统的语言。数字逻辑电路设计者可利用这种语言来描述自己的设计思想，然后利用EDA工具进行仿真，再自动综合到门级电路，最后用FPGA实现其功能。

主流的HDL是Verilog HDL和VHDL(very high speed integrated circuit hardware description language)。两者都是IEEE标准，其共同的特点有：编程与芯片工艺无关，具有很强的从算法级、门级到开关级的多层次电路系统逻辑描述功能，标准、规范便于复用和共享，可移植性好。其中Verilog HDL基本语法与C语言相近，编程风格跟VHDL相比更加简洁明了，书写规则没有那么烦琐。

Verilog HDL语言最初是于1983年由Gateway Design Automation公司为其模拟器产品开发的硬件建模语言。那时它只是一种专用语言。由于该公司的模拟、仿真器产品的广泛使用，Verilog HDL作为一种便于使用且实用的语言逐渐为众多设计者所接受。在一次努力增加语言普及性的活动中，Verilog HDL语言于1990年被推向公众领域。open verilog international(OVI)是促进Verilog发展的国际性组织。1992年，OVI决定致力于推广Verilog OVI标准成为IEEE标准。这一努力最后获得成功，Verilog语言于1995年成为IEEE标准，称为IEEE Std1364—1995。

本书采用Verilog HDL为文本输入语言。在设计过程中，也有采用HDL与原理图混合的方式，即用HDL设计底层功能模块，用原理图构建顶层模块。

## 1.5 软件平台——Vivado 基础

### 1.5.1 Vivado 设计套件

2012年，Xilinx公司发布了Vivado设计套件，突出基于IP核的设计方法，允许设计者选择不同的设计策略，增强了设计者对布局布线的干预，可以使用户更快地实现设计收敛。Vivado设计套件与前一代的ISE集成开发环境相比，在多个方面有了明显的提升，具体如表1-4所示。

**表1-4 Vivado与ISE比较**

| Vivado | ISE |
| --- | --- |
| 流程是一系列Tcl指令，在单个存储器中的数据库运行，具有更大的灵活性和交换性 | 流程是一系列的程序，用多个文件运行和通信 |
| 存储器中的单个共享数据模型可以在整个流程中运行，允许做许多事情，如交互诊断、修正时序等 | 流程的每个步骤都需要不同的数据模型 |
| 共用XDC约束文件 | 实施后的时序不能改变，交互式诊断没有反向兼容性 |
| 在流程的各步骤产生报告 | 位文件控制RTL |
| 在流程的各步骤保存checkpoint | 流程各步骤采用独立的工具 |

### 1.5.2 Vivado2017.1 安装流程

**1. 注意事项**

（1）Vivado 2017.1 不支持 32 位操作系统，推荐使用 Windows 7 64 位操作系统。

（2）为了确保开发软件正常安装，安装前请先退出 360 或者电脑管家等杀毒软件。

（3）Vivado 安装路径不支持中文字符和以下特殊符号：! # $ %^& *()`;<>?,[ ]{ }'"|

**2. 安装步骤**

安装步骤具体如下。

（1）找到安装包，双击"xsetup.exe"运行安装程序，如图 1-7 所示。

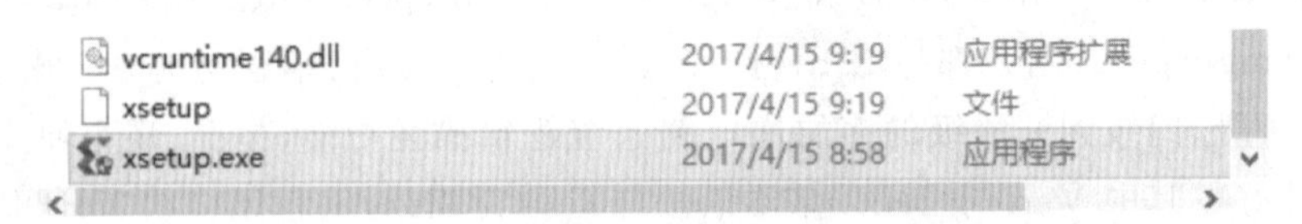


图 1-7 运行安装程序

（2）安装程序弹出欢迎界面，点击"Next"继续，如图 1-8 所示。

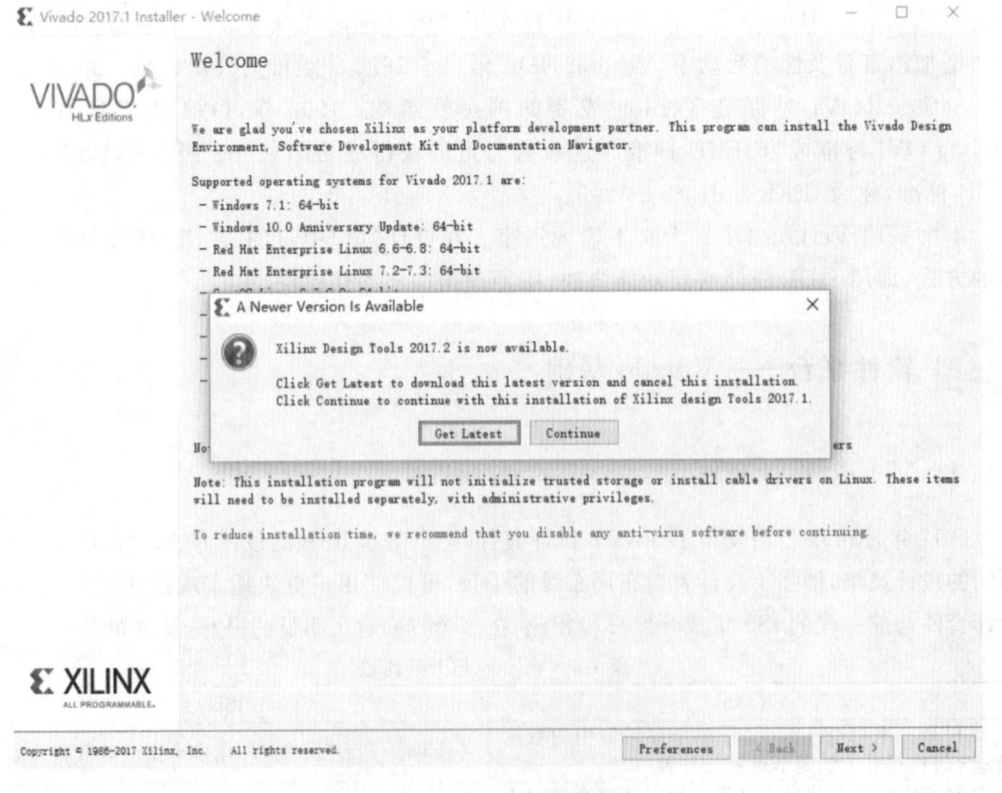


图 1-8 继续安装程序 1

（3）三个选项依次勾选"I Agree"，点击"Next"继续，如图 1-9 所示。

（4）这里为了节约内存，选择"Vivado HL WebPACK"版本，如果要完整的版本，可以选择 System Edition。点击"Next"继续，如图 1-10 所示。

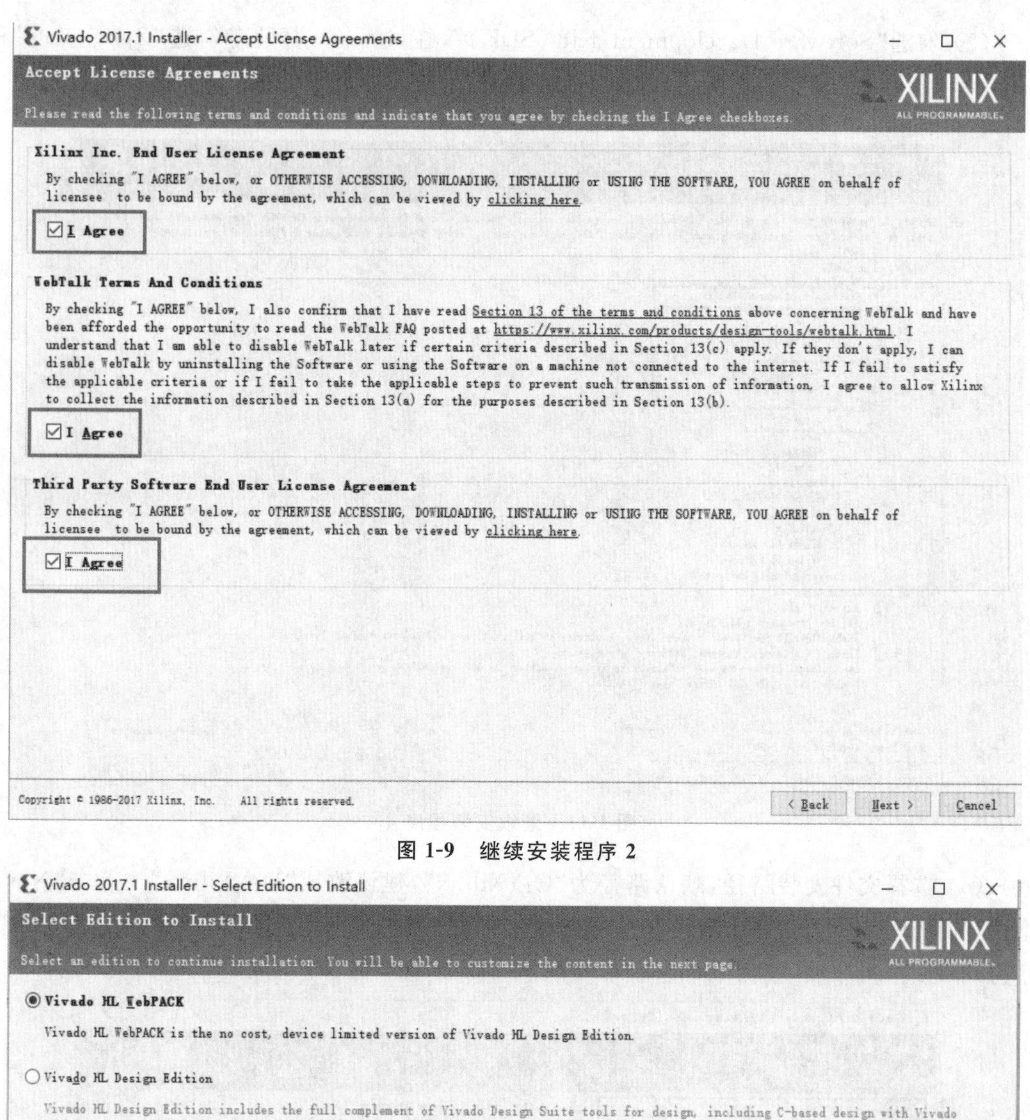


图 1-9　继续安装程序 2

Vivado 2017.1 Installer - Select Edition to Install

Select Edition to Install

XILINX
ALL PROGRAMMABLE.

Select an edition to continue installation. You will be able to customize the content in the next page.

Vivado HL WebPACK

Vivado HL WebPACK is the no cost, device limited version of Vivado HL Design Edition.

Vivado HL Design Edition

Vivado HL Design Edition includes the full complement of Vivado Design Suite tools for design, including C-based design with Vivado High-Level Synthesis, implementation, verification and device programming. Complete device support, cable drivers and Documentation Navigator are included. Users can optionally add the Software Development Kit to this installation.

Vivado HL System Edition

Vivado HL System Edition is a superset of Vivado HL Design Edition with the addition of System Generator for DSP. Complete device support, cable drivers and Documentation Navigator are included. Users can optionally add the Software Development Kit to this installation.

Documentation Navigator (Standalone)

Xilinx Documentation Navigator (DocNav) provides access to Xilinx technical documentation both on the Web and on the Desktop. This is a standalone installation without Vivado Design Suite.

Copyright © 1986-2017 Xilinx, Inc. All rights reserved.

< Back　Next >　Cancel

图 1-10　继续安装程序 3

（5）勾选“Software Development Kit（SDK）”，在 devices 中只需勾选“Zynq-7000”和“Artix-7”即可，点击“Next”继续，如图 1-11 所示。

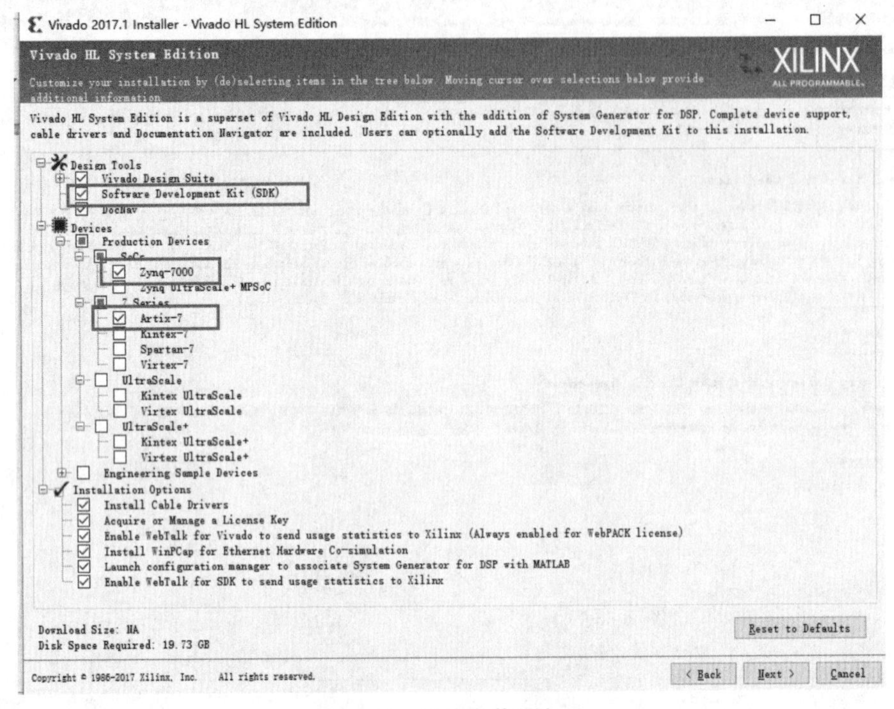


图 1-11　继续安装程序 4

（6）选择文件安装路径，默认路径为“C:\Xilinx”，建议改成“D:\Xilinx”。点击“Next”继续，如图 1-12 所示。弹出对话框提示创建文件夹，点击“Yes”继续（路径不能有任何中文字符）。

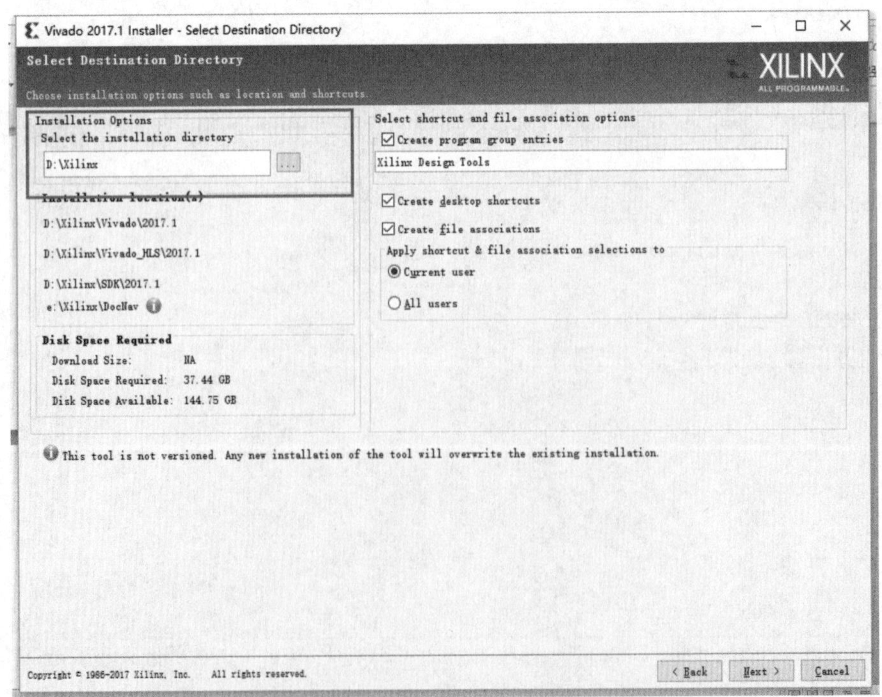


图 1-12　继续安装程序 5

(7) 弹出总结页面，确认无误后，点击“Install”开始安装，如图 1-13 所示。

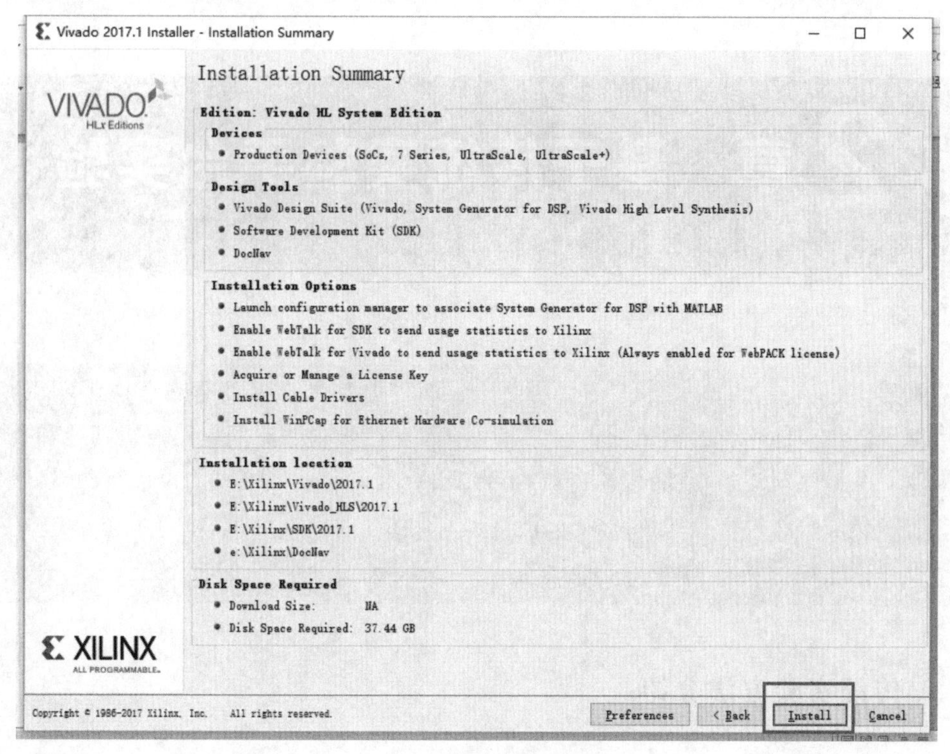


图 1-13　继续安装程序 6

(8) 安装程序开始安装，安装大概需要十多分钟，当然根据电脑性能差异会有所不同。安装过程中会弹出对话框，提示断开设备(开发板)，点击“确定”继续，如图 1-14 所示。

(9) 添加 license，点击 load license，然后再选择 copy license，给软件添加一个 license 即可，如图 1-15 所示。

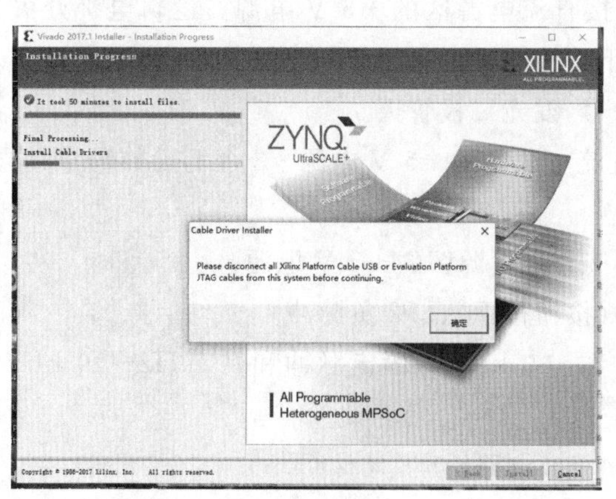


图 1-14　继续安装程序 7

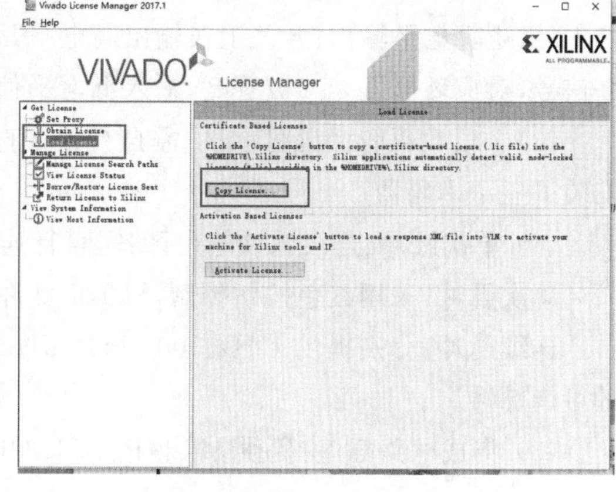


图 1-15　继续安装程序 8

(10) 程序安装完成。

# 第2章 基于传统实验平台实验

**内容概要**

基于传统实验平台的验证性实验由于难度上是循序渐进的，直观形象，符合同学们的认知梯度传统。传统实验采用数字电路试验箱开展实验教学，围绕逻辑门电路展开相关电路设计，涉及的实验包括集成逻辑门电路逻辑功能和参数测试、组合逻辑电路的设计与测试、触发器等。

## 2.1 传统实验方法介绍

### 2.1.1 实验箱面板结构

实验箱面板如图2-1所示，总的电源开关在箱子的右侧。

(1) 直流电源区：多组独立直流电源，可提供+5 V、−5 V、+12 V、−12 V固定电源，以及+1.5～+15 V和−1.5～−15 V可调电源。

(2) 开关量输入/输出并显示区：需自行连接直流电源区的+5 V电源。逻辑电平开关与12组逻辑电平输出：开关上拨输出高电平，下拨输出低电平。逻辑电平显示：当输入高电平信号，对应环形发光二极管亮，输入低电平信号，发光二极管灭。

(3) 7段数码管译码显示区：需自行连接直流电源区的+5 V电源。8个七段数码管，均安装了显示译码器。

(4) 单次脉冲、连续脉冲输出区：需自行连接直流电源区的+5 V电源。

单次脉冲：采用红色按钮控制，SP1正脉冲(按钮按下)、SP2负脉冲。

连续脉冲：分别提供1 Hz、100 Hz、1 kHz和100 kHz等固定脉冲和0.1 Hz～10 kHz的可调脉冲。

(5) 集成电路插座：提供8P、14P、16P、20P集成电路插座。

### 2.1.2 注意事项

(1) 电源极性绝不能接反，要清楚电路所需的电源大小。

(2) 搭建或改接电路时，关闭直流电源，切忌带电接线、拆线和插拔集成块。

(3) 连线插入和拔出，切忌直接拉连线，应用手捏住连接线插头进行操作。

(4) 实验中不可乱动集成块及其他元器件。

(5) 若实验过程中出现异常情况,比如集成块发烫、数码管显示异常等,切忌继续实验。

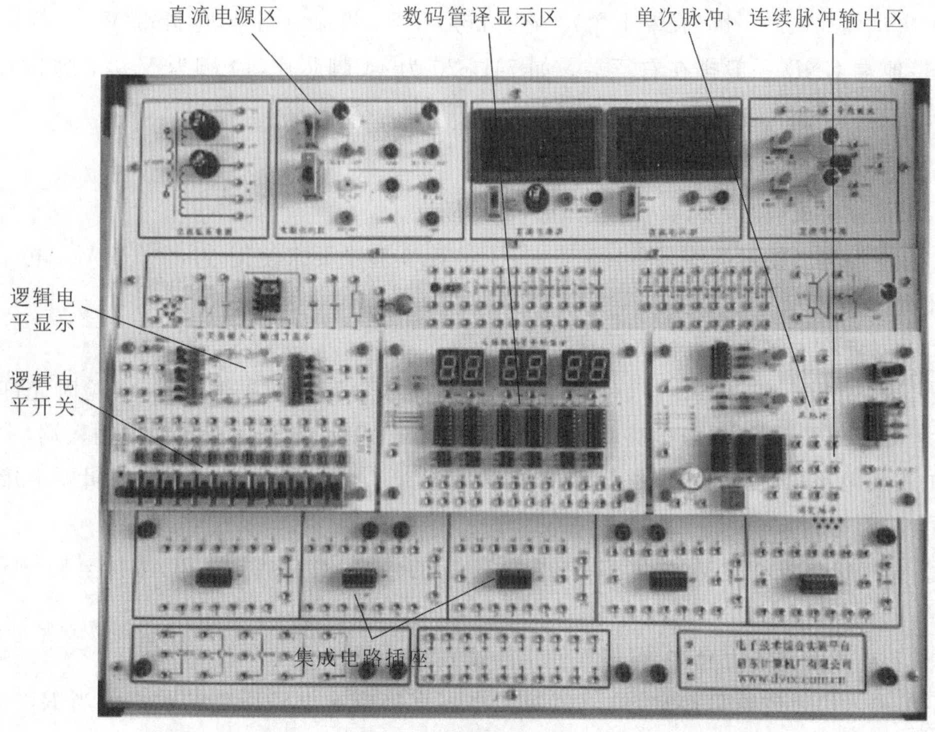


图 2-1 实验箱面板

## 2.2 TTL、CMOS 集成逻辑门的逻辑功能与参数测试

### 2.2.1 实验目的

(1) 掌握数字电路实验箱及示波器的使用方法。

(2) 掌握逻辑门电路的逻辑功能和相关参数的测试方法。

(3) 掌握 TTL、CMOS 集成电路的使用规则。

(4) 掌握集成逻辑电路相互衔接时应遵守的规则和实际衔接方法。

### 2.2.2 预习要求

(1) 复习 TTL 和 CMOS 门电路的工作原理。

(2) 熟悉实验用各集成门引脚功能。

(3) 画出各实验内容的测试电路与数据记录表格。

(4) 画好实验用各门电路的真值表表格。

(5) 了解 TTL 门电路和 CMOS 门电路闲置输入端处理方法。

### 2.2.3 实验原理

**1. 集成电路芯片简介**

数字电路实验中所用到的集成芯片都是双列直插式的。识别方法是:正对集成电路型号(如 74LS20)或看标记(左边的缺口或小圆点标记),从左下角开始按逆时针方向以 1,2,3,…依次排列到最后一脚(在左上角)。在标准形 TTL 集成电路中,电源端 $V_{CC}$一般排在左上端,接地端 GND 一般排在右下端。如 74LS20 为 14 脚芯片,14 脚为 $V_{CC}$,7 脚为 GND。若集成芯片引脚上的功能标号为 NC,则表示该引脚为空脚。

**2. TTL 集成电路使用规则**

(1) 接插集成块时,要认清定位标记,不得插反。

(2) 电源电压使用范围为+4.5 V~+5.5 V,实验中要求使用 $V_{CC}$=+5 V。电源极性绝对不允许接错。

(3) 闲置输入端处理方法。

① 悬空,相当于正逻辑"1",对于一般小规模集成电路的数据输入端,实验时允许悬空处理,但易受外界干扰,导致电路的逻辑功能不正常。因此,对于接有长线的输入端,中规模以上的集成电路和使用集成电路较多的复杂电路,所有控制输入端必须按逻辑要求接入电路,不允许悬空。

② 直接接电源电压 $V_{CC}$(也可以串入一只 1 kΩ~10 kΩ 的固定电阻)或接至某一固定电压(+2.4 V≤ $V$≤4.5 V)的电源上。

③ 若前级驱动能力允许,可以与使用的输入端并联。

(4) 输入端通过电阻接地,电阻值的大小将直接影响电路所处的状态。当 $R$≤680 Ω 时,输入端相当于逻辑"0";当 $R$≥2.4 kΩ 时,输入端相当于逻辑"1"。对于不同系列的器件,要求的阻值各不相同。

(5) 输出端不允许并联使用(集电极开路门(OC)和三态输出门电路(3S)除外)。否则不仅会使电路逻辑功能混乱,还会导致器件损坏。

(6) 输出端不允许直接接地或直接接+5 V 电源,否则将损坏器件,有时为了使后级电路获得较高的输出电平,允许输出端通过电阻 $R$ 接至 $V_{CC}$,一般取 $R$=3 kΩ~5.1 kΩ。

**3. CMOS 电路的使用规则**

由于 CMOS 电路有很高的输入阻抗,这给使用者带来一定的麻烦,即外来的干扰信号很容易在一些悬空的输入端上感应出很高的电压,以至损坏器件。CMOS 电路的使用规则如下。

(1) $V_{DD}$接电源正极,$V_{SS}$接电源负极(通常接地),不得接反。CC4011 的电源允许电压在+3~+18 V 范围内选择,实验中一般要求使用+5~+15 V。

(2) 所有输入端一律不准悬空。

闲置输入端的处理方法:① 按照逻辑要求,直接接 $V_{DD}$(与非门)或 $V_{SS}$(或非门)。② 在工作频率不高的电路中,允许输入端并联使用。

(3) 输出端不允许直接与 $V_{DD}$或 $V_{SS}$连接,否则将导致器件损坏。

(4) 在装接电路,改变电路连接或插、拔电路时,均应切断电源,严禁带电操作。

(5) 焊接、测试和储存时的注意事项:

① 电路应存放在导电的容器内,要求有良好的静电屏蔽;

② 焊接时必须切断电源,电烙铁外壳必须接地良好,或拔下烙铁,靠其余热焊接;

③ 所有的测试仪器必须接地良好;

**4. 与非门的逻辑功能**

本实验采用 TTL 与非门 74LS20 和 CMOS 与非门 CC4011。74LS20 其引脚排列图如图 2-2 所示。

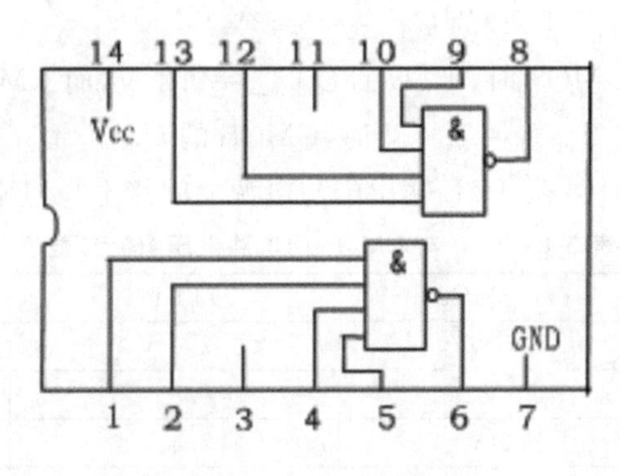


图 2-2 74LS20 引脚图

与非门的逻辑功能是：当输入端中有一个或一个以上是低电平时，输出端为高电平；只有当输入端全部为高电平时，输出端才是低电平（即有“0”得“1”，全“1”得“0”）。

其逻辑表达式为 $Y=\overline{AB\cdots}$。

**5. TTL 与非门的主要参数**

1）低电平输出电源电流 $I_{CCL}$ 和高电平输出电源电流 $I_{CCH}$

与非门处于不同的工作状态，电源提供的电流是不同的。$I_{CCL}$ 是指所有输入端悬空，输出端空载时，电源提供器件的电流。$I_{CCH}$ 是指输出端空载，每个门各有一个以上的输入端接地，其余输入端悬空，电源提供给器件的电流。通常 $I_{CCL}>I_{CCH}$，它们的大小标志着器件静态功耗的大小。器件的最大功耗为 $P_{CCL}=V_{CC}I_{CCL}$。手册中提供的电源电流和功耗值是指整个器件总的电源电流和总的功耗。

2）低电平输入电流 $I_{iL}$ 和高电平输入电流 $I_{iH}$

$I_{iL}$ 是指被测输入端接地，其余输入端悬空，输出端空载时，由被测输入端流出的电流值。在多级门电路中，$I_{iL}$ 相当于前级门输出低电平时，后级向前级门灌入的电流，因此它关系到前级门的灌电流负载能力，即直接影响前级门电路带负载的个数，因此希望 $I_{iL}$ 小些。

$I_{iH}$ 是指被测输入端接高电平，其余输入端接地，输出端空载时，流入被测输入端的电流值。在多级门电路中，它相当于前级门输出高电平时，前级门的拉电流负载，其大小关系到前级门的拉电流负载能力，希望 $I_{iH}$ 小些。由于 $I_{iH}$ 较小，难以测量，一般免于测试。

3）扇出系数 $N_o$

扇出系数 $N_o$ 是指门电路能驱动同类门的个数，它是衡量门电路负载能力的一个参数，与非门有两种不同性质的负载，即灌电流负载和拉电流负载，因此有两种扇出系数，即低电平扇出系数 $N_{oL}$ 和高电平扇出系数 $N_{oH}$。通常 $I_{iH}<I_{iL}$，则 $N_{oH}>N_{oL}$，故常以 $N_{oL}$ 作为门的扇出系数。

4）电压传输特性

门的输出电压 $V_o$ 随输入电压 $V_i$ 而变化的曲线 $V_o=f(V_i)$ 称为门的电压传输特性，通过它可读得门电路的一些重要参数，如输出高电平 $V_{oH}$、输出低电平 $V_{oL}$、关门电平 $V_{off}$、开门电平 $V_{oN}$、阈值电平 $V_T$ 及抗干扰容限 $V_{NL}$、$V_{NH}$ 等值。

**6. TTL 与 CMOS 门电路的互连**

由表 2-1 可见，当采用+5 V 电源电压时，TTL 与 CMOS 的电平基本上是兼容的。

(1) 当用 CMOS 驱动 TTL 时，CMOS 的 $U_{\mathrm{oH,min}}=4.9\ \mathrm{V}$，而 TTL 的 $U_{\mathrm{iH,min}}=2.0\ \mathrm{V}$，CMOS 的 $U_{\mathrm{oL,max}}=0.1\ \mathrm{V}$，而 TTL 的 $U_{\mathrm{iL,max}}=0.8\ \mathrm{V}$。

(2) 当用 TTL 驱动 CMOS 时，TTL 的 $U_{\mathrm{oL,max}}=0.4\ \mathrm{V}$，而 CMOS 的 $U_{\mathrm{iL,max}}=1.0\ \mathrm{V}$ 可以满足需求，但当 TTL 的 $U_{\mathrm{oH,min}}=2.4\ \mathrm{V}$ 时，CMOS 的 $U_{\mathrm{iH,min}}=3.5\ \mathrm{V}$，在此种情况下 TTL 不能直接驱动 CMOS，此时可在 TTL 输出端与电源之间接上拉电阻，如图 2-3 所示。

**表 2-1 TTL 与 CMOS 门电路电压电流参数表**

| 参　　数 | 74HCMOS | 74TTL | 74LSTTL |
|---|---|---|---|
| $U_{\mathrm{iH,min}}$ | 3.5 V | 2.0 V | 2.0 V |
| $U_{\mathrm{iL,max}}$ | 1 V | 0.8 V | 0.8 V |
| $U_{\mathrm{oH,min}}$ | 4.9 V | 2.4 V | 2.7 V |
| $U_{\mathrm{oL,max}}$ | 0.1 V | 0.4 V | 0.4 V |
| $I_{\mathrm{iH,max}}$ | 1.0 μA | 40 μA | 20 μA |
| $I_{\mathrm{iL,max}}$ | −1.0 μA | −1.6 mA | −400 μA |
| $I_{\mathrm{oH,max}}$ | −4.0 mA | −400 μA | −400 μA |
| $I_{\mathrm{oL,max}}$ | 4.0 mA | 16 mA | 8 mA |

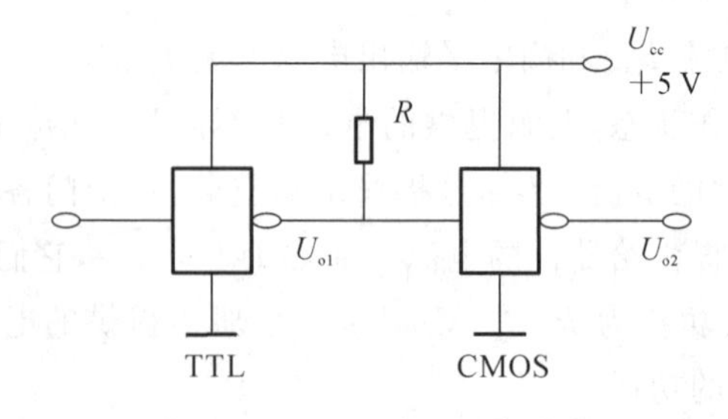


**图 2-3 TTL 驱动 CMOS 电路**

电阻 $R$ 的取值可根据下式决定：在忽略 $I_{\mathrm{iL,max}}$ 情况下，其最小值

$$R_{\min}=\frac{U_{\mathrm{CC}}-U_{\mathrm{oL,max}}}{I_{\mathrm{oL,max}}}=\frac{5.0\ \mathrm{V}-0.4\ \mathrm{V}}{16\ \mathrm{mA}}$$

考虑 CMOS 的输入电容，来决定其最大值。

$$U_{\mathrm{iH,min}}=U_{\mathrm{CC}}(1-\mathrm{e}^{-\frac{t}{RC}})$$

假设 COMS 的输入电容为 10pF，一般要求 $t\leqslant 500\mathrm{ns}$，则由上式可得

$$R_{\max}=8.3\ \mathrm{k\Omega}$$

综合上述情况，通常 $R$ 值取 3.3 kΩ～4.7 kΩ。

(3) 如果 CMOS 电源较高，当用 TTL 驱动 CMOS 电路时，TTL 输出端仍可接上拉电阻，但需采用集成电极开路门电路，或采用电平移动电路来实现电平的转换。

## 2.2.4 实验设备与器件

(1) +5 V 直流电源。

(2) 逻辑电平开关。

(3) 逻辑电平显示器。

(4) 直流数字电压表。

(5) 直流毫安表。

(6) 74LS20×2 电位器、CC4011×2、1 k 电位器、10 k 电位器，200 Ω 电阻器(0.5 W)。

## 2.2.5 实验内容

(1) 验证 TTL 集成与非门 74LS20 和 CMOS 与非门 CC4011 的逻辑功能。

门的四个输入端接逻辑开关输出插口，以提供“0”与“1”电平信号，开关向上，输出逻辑“1”，向下为逻辑“0”。门的输出端接由 LED 发光二极管组成的逻辑电平显示器(又称 0-1 指示器)的显示插口，LED 亮为逻辑“1”，不亮为逻辑“0”。按表 2-2 的真值表逐个测试集成芯片的逻辑功能。

表 2-2 与非门真值表

| 输入 | | | | 输出 | |
|---|---|---|---|---|---|
| $A_n$ | $B_n$ | $C_n$ | $D_n$ | $Y_1$ | $Y_2$ |
| 0 | 0 | 0 | 0 | | |
| 1 | 0 | 0 | 1 | | |
| 0 | 1 | 0 | 0 | | |
| 0 | 0 | 1 | 1 | | |
| 1 | 1 | 1 | 1 | | |

(2) 电压传输特性测试。

按图 2-4 所示电压传输特性测试电路接线，调节电位器 $R_W$，使 $V_i$ 从 0 V 向高电平变化，逐点测量 $V_i$ 和 $V_o$ 的对应值，记入表 2-3 中。

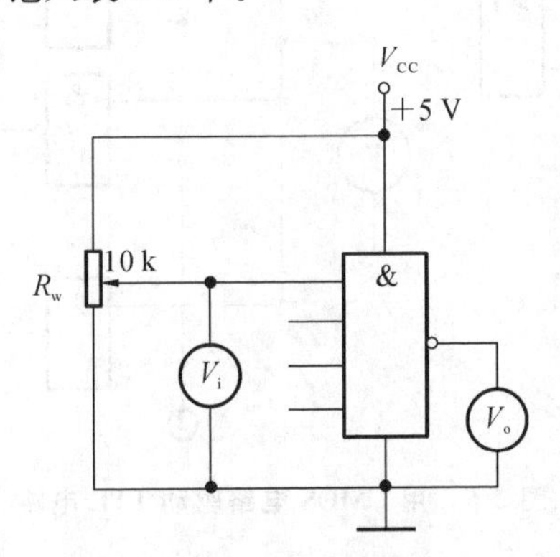


图 2-4 电压传输特性测试电路

表 2-3 传输特性测试表

| $V_i$/V | 0 | 0.2 | 0.4 | 0.6 | 0.8 | 1.0 | 1.5 | 2.0 | 2.5 | 3.0 | 3.5 | 4.0 | … |
|---|---|---|---|---|---|---|---|---|---|---|---|---|---|
| $V_o$/V | | | | | | | | | | | | | |

(3) TTL 和 CMOS 的相互连接。

① 用 TTL 电路驱动 CMOS 电路。

用 74LS20 的一个门来驱动 CC4011 的四个门，实验电路如图 2-5 所示，$R$ 取 3 kΩ。测量连接 3 kΩ 与不连接 3 kΩ 电阻时的逻辑功能及 74LS20 的输出高低电平，以及 CC4011 的逻辑功能。

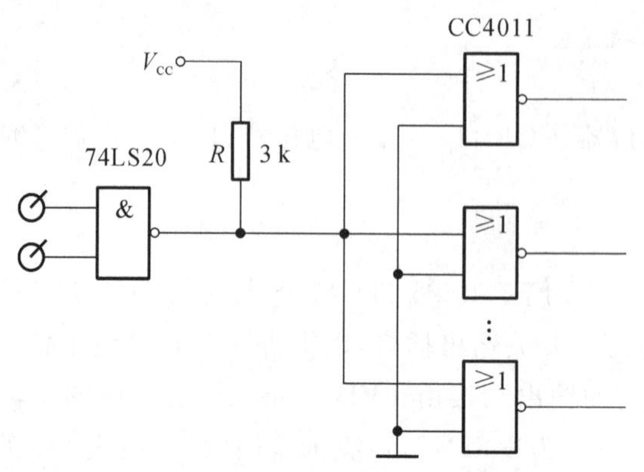


图 2-5 用 TTL 电路驱动 CMOS 电路

② 用 CMOS 电路驱动 TTL 电路。

电路如图 2-6 所示，被驱动的电路用 74LS20 的 6 个门并联。电路的输入端接逻辑开关输出插口，6 个输出分别接逻辑电平显示的输入插口。先用 CC4011 的一个门来驱动，观测 CC4011 的输出电平和 74LS04 的输出逻辑功能。

然后将 CC4011 的其余三个门，一个个并联到第一个门上(输入与输入并联，输出与输出并联)，分别观察 CMOS 的输出电平及 74LS20 的逻辑功能。

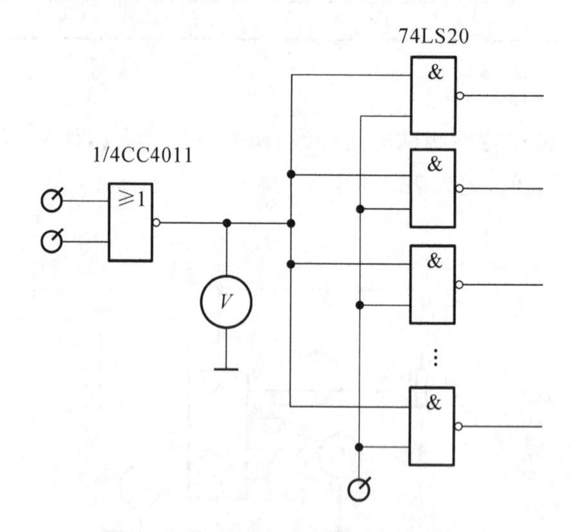


图 2-6 用 CMOS 电路驱动 TTL 电路

**思考**

(1)记录、整理实验结果，并对结果进行分析，总结其特点。

(2)画出实测的电压传输特性曲线，并从中读出各有关参数值，和理论值进行比较。

## 2.3 组合逻辑电路的设计与测试

### 2.3.1 实验目的

(1) 掌握组合逻辑电路的设计。

(2) 掌握验证组合逻辑电路功能的方法。

### 2.3.2 实验预习要求

(1) 根据实验任务要求设计组合电路,并根据所给的标准器件构建逻辑图。

(2) 如何用最简单的方法验证"与或非"门的逻辑功能是否完好?

(3) "与或非"门中,当某一组与端不用时,应做如何处理?

### 2.3.3 实验原理

使用中、小规模集成电路来设计组合电路是最常见的方法。设计组合电路的一般步骤如图 2-7 所示。

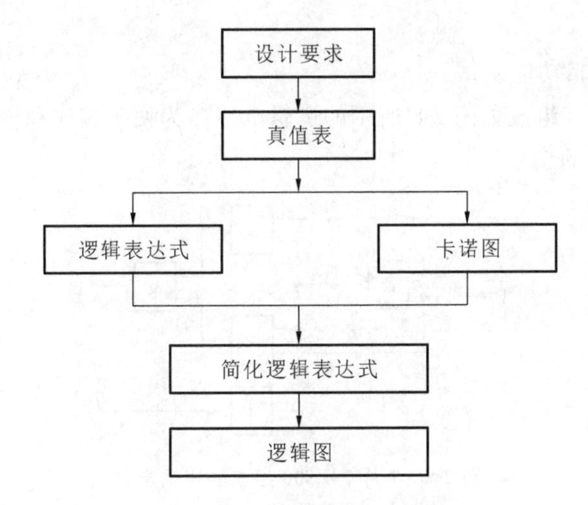


图 2-7 组合电路的设计步骤

**组合逻辑电路设计举例**

用"与非"门设计一个三输入三输出的逻辑电路,并用与非门实现。当 A=1、B=C=0 时,红绿灯亮;当 B=1、A=C=0 时,绿黄灯亮;当 C=1、A=B=0 时,黄红灯亮;当 A=B=C=0 时,三个灯全亮;A、B、C 的其他情况,灯全灭。

设计步骤:根据题意列出真值表,如表 2-4 所示。

表 2-4 三输入三输出的电路真值表

| 输入 | | | 输出 | | |
|---|---|---|---|---|---|
| A | B | C | R | G | Y |
| 0 | 0 | 0 | 1 | 1 | 1 |
| 1 | 0 | 0 | 1 | 1 | 0 |
| 0 | 1 | 0 | 0 | 1 | 1 |
| 0 | 0 | 1 | 1 | 0 | 1 |
| 0 | 1 | 1 | 0 | 0 | 0 |
| 1 | 0 | 1 | 0 | 0 | 0 |
| 1 | 1 | 0 | 0 | 0 | 0 |
| 1 | 1 | 1 | 0 | 0 | 0 |

$$Y=\overline{\overline{AB}\cdot\overline{AC}} \qquad R=\overline{\overline{AB}\cdot\overline{BC}} \qquad G=\overline{\overline{BC}\cdot\overline{AC}}$$

### 2.3.4 实验设备与器件

(1) +5 V 直流电源。

(2) 逻辑电平开关。

(3) 逻辑电平显示器。

(4) 直流数字电压表。

(5) CC4011×2(74LS00)、CC4012×3(74LS20)、CC4030(74LS86)、CC4081(74LS08)、74LS54×2(CC4085)、CC4001(74LS02)。

### 2.3.5 实验内容

(1) 组合电路逻辑功能测试。

① 用 2 片 74LS00 组成如图 2-8 所示的逻辑电路。为便于接线和检查,在图中要注明芯片编号及各引脚对应的编号。

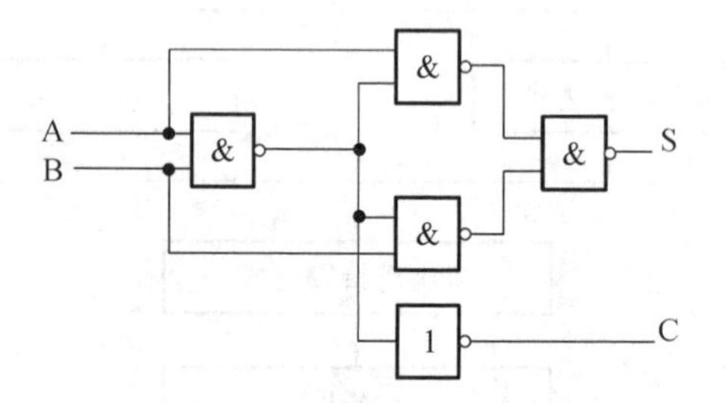


**图 2-8 2 片 74LS00 组成的逻辑电路**

② 写出 $Y_1$ 和 $Y_2$ 的逻辑表达式并化简。

③ 按表 2-5 的要求,改变 A、B、C 输入的状态,填表写出 $Y_1$、$Y_2$ 的输出状态。图 2-8 中 A、B、C 接逻辑开关,$Y_1$、$Y_2$ 接发光管电平显示。

**表 2-5 逻辑电路真值表**

| 输入 | | | 输出 | |
|---|---|---|---|---|
| A | B | C | $Y_1$ | $Y_2$ |
| 0 | 0 | 0 | | |
| 0 | 0 | 1 | | |
| 0 | 1 | 1 | | |
| 1 | 1 | 1 | | |
| 1 | 1 | 0 | | |
| 1 | 0 | 0 | | |
| 1 | 0 | 1 | | |
| 0 | 1 | 0 | | |

(2) 设计一位全加器,要求用与或非门实现。

① 画出用与或非门实现全加器的逻辑电路图,写出逻辑表达式。为便于接线和检查,在图中要注明芯片编号及各引脚对应的编号。

② 当输入端 $A_1$、$B_1$、$C_{1-1}$ 为表 2-6 所示情况时，测量 $S_1$ 和 $C_1$ 的逻辑状态并填入表 2-6中。

**表 2-6 全加器真值表**

| $A_1$ | $B_1$ | $C_{1-1}$ | $C_1$ | $S_1$ |
|---|---|---|---|---|
| 0 | 0 | 0 | | |
| 0 | 1 | 0 | | |
| 1 | 0 | 0 | | |
| 1 | 1 | 0 | | |
| 0 | 0 | 1 | | |
| 0 | 1 | 1 | | |
| 1 | 0 | 1 | | |
| 1 | 1 | 1 | | |

(3) 设计走廊路灯控制电路。

在进入走廊的 A、B、C 三地各有控制开关，都能独立进行控制。任意闭合一个开关，灯亮；任意闭合两个开关，灯灭；三个开关同时闭合，灯亮。

① 画出逻辑电路图，写出逻辑表达式(要求用与门、与非门及或非门实现)。为便于接线和检查，在图中要注明芯片编号及各引脚对应的编号。

② 验证逻辑功能是否正确。

**思考**

(1)列表整理组合电路的逻辑功能，体会与实际电路的差别。

(2)体会组合电路的设计方法。

## 2.4 触发器及其应用

### 2.4.1 实验目的

(1) 掌握 JK、D 和 T 触发器的逻辑功能。

(2) 掌握集成触发器的逻辑功能及使用方法。

(3) 掌握由集成触发器构成的时序逻辑电路的分析及测试方法。

### 2.4.2 实验预习要求

(1) 复习与触发器和计数器相关的内容。

(2) 列出实验内容中需要的测试表格。

(3) 按实验内容的要求设计线路，拟定实验方案。

### 2.4.3 实验原理

触发器具有两个稳定状态，用以表示逻辑状态“1”和“0”，在一定的外界信号作用下，可以从一个稳定状态翻转到另一个稳定状态，它是一个具有记忆功能的二进制信息存储器件，是构成各种时序电路最基本的逻辑单元。

**1. JK 触发器**

在输入信号为双端的情况下，JK 触发器是功能完善、使用灵活和通用性较强的一种触发器。本实验采用 74LS112 双 JK 触发器，是由下降沿触发的一款触发器。其引脚排列及逻辑符号如图 2-9 所示。

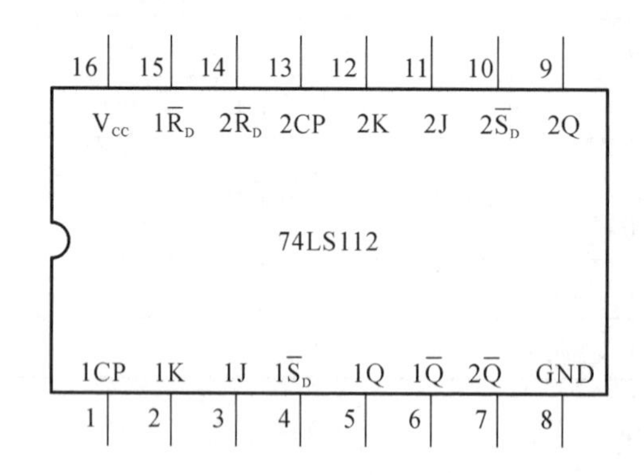


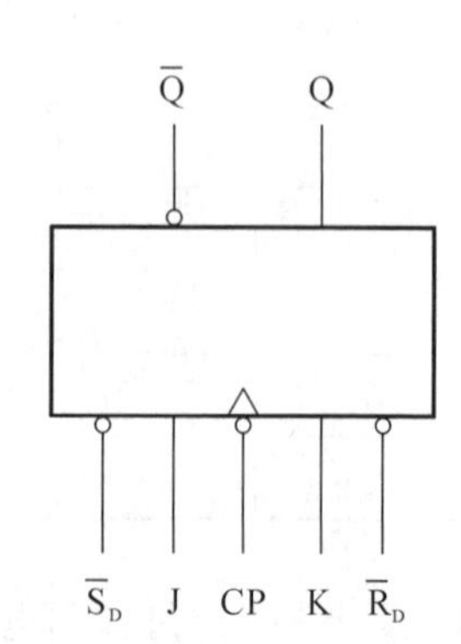


**图 2-9　74LS112 双 JK 触发器引脚排列及逻辑符号**

JK 触发器的状态方程为

$$Q^{n+1} = J\overline{Q}^n + \overline{K}Q^n$$

J 和 K 是数据输入端，是触发器状态更新的依据，若 J、K 有两个或两个以上输入端时，组成“与”的关系。Q 与 $\overline{Q}$ 为两个互补输出端。通常把 Q=0、$\overline{Q}$=1 的状态定为触发器“0”状态；而把 Q=1，$\overline{Q}$=0 定为触发器“1”状态。

下降沿触发 JK 触发器的功能如表 2-7 所示。

**表 2-7　JK 触发器的功能表**

| 输入 | | | | | 输出 | |
|---|---|---|---|---|---|---|
| $\overline{S}_D$ | $\overline{R}_D$ | CP | J | K | $Q^{n+1}$ | $\overline{Q}^{n+1}$ |
| 0 | 1 | × | × | × | 1 | 0 |
| 1 | 0 | × | × | × | 0 | 1 |
| 0 | 0 | × | × | × | φ | φ |
| 1 | 1 | ↓ | 0 | 0 | $Q^n$ | $\overline{Q}^n$ |
| 1 | 1 | ↓ | 1 | 0 | 1 | 0 |
| 1 | 1 | ↓ | 0 | 1 | 0 | 1 |
| 1 | 1 | ↓ | 1 | 1 | $\overline{Q}^n$ | $Q^n$ |
| 1 | 1 | ↑ | × | × | $Q^n$ | $\overline{Q}^n$ |

注：×—任意态；↓—高到低电平跳变；↑—低到高电平跳变。
$Q^n$($\overline{Q}^n$)—现态；$Q^{n+1}$($\overline{Q}^{n+1}$)—次态；φ—不定态。
JK 触发器常被用作缓冲存储器、移位寄存器和计数器。

**2. D 触发器**

在输入信号为单端的情况下，D 触发器用起来最为方便，其状态方程为

$$Q^{n+1} = D^n$$

其输出状态的更新发生在CP脉冲的上升沿，故又称为上升沿触发的边沿触发器，触发器的状态只取决于时钟到来前D端的状态。D触发器的应用很广，可用作数字信号的寄存、移位寄存、分频和波形发生等。D触发器有很多种型号可供各种用途的需要而选用，如双D 74LS74、四D 74LS175、六D 74LS174等。

图2-10所示为双D 74LS74的引脚排列及逻辑符号。其功能如表2-8所示。

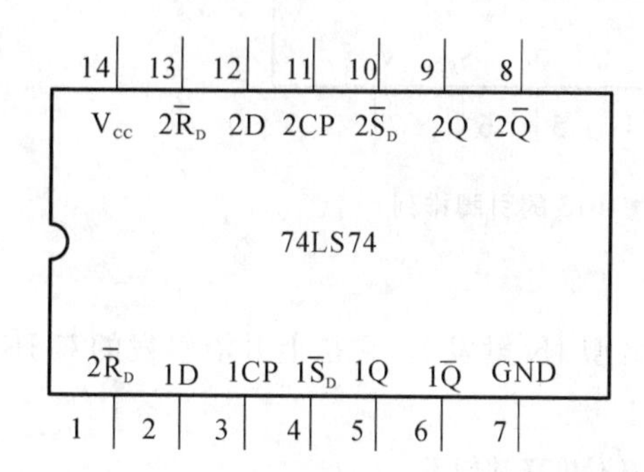


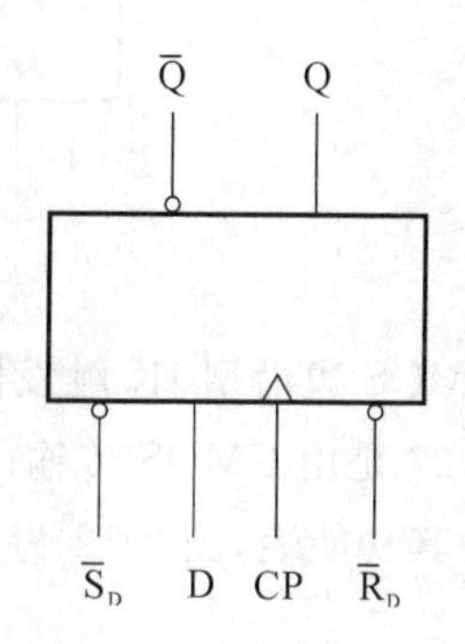


**图2-10 74LS74的引脚排列及逻辑符号**

**表2-8 74LS74功能表**

| 输入 | | | | 输出 | |
|---|---|---|---|---|---|
| $\overline{S}_D$ | $\overline{R}_D$ | CP | D | $Q^{n+1}$ | $\overline{Q}^{n+1}$ |
| 0 | 1 | × | × | 1 | 0 |
| 1 | 0 | × | × | 0 | 1 |
| 0 | 0 | × | × | φ | φ |
| 1 | 1 | ↑ | 1 | 1 | 0 |
| 1 | 1 | ↑ | 0 | 0 | 1 |
| 1 | 1 | ↓ | × | $Q^n$ | $\overline{Q}^n$ |

**3. CMOS触发器**

1) CMOS边沿型D触发器

CC4013是由CMOS传输门构成的边沿型D触发器。它是上升沿触发的双D触发器，表2-9为其功能表，图2-11为其引脚排列。

**表2-9 CC4013功能表**

| 输入 | | | | 输出 |
|---|---|---|---|---|
| S | R | CP | D | $Q^{n+1}$ |
| 1 | 0 | × | × | 1 |
| 0 | 1 | × | × | 0 |
| 1 | 1 | × | × | φ |
| 0 | 0 | ↑ | 1 | 1 |
| 0 | 0 | ↑ | 0 | 0 |
| 0 | 0 | ↓ | × | $Q^n$ |

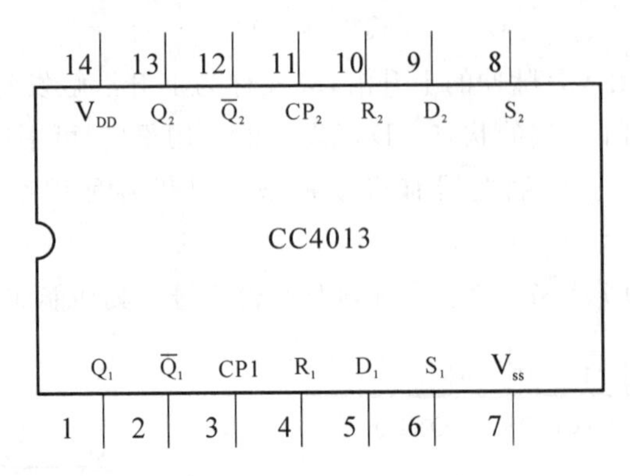


**图 2-11 CC4013 的引脚排列**

2) CMOS 边沿型 JK 触发器

CC4027 是由 CMOS 传输门构成的边沿型 JK 触发器，它是上升沿触发的双 JK 触发器，表 2-10 为其功能表，图 2-12 为其引脚排列。

**表 2-10 CC4027 功能表**

| 输入 | | | | | 输出 |
|---|---|---|---|---|---|
| S | R | CP | J | K | $Q^{n+1}$ |
| 1 | 0 | × | × | × | 1 |
| 0 | 1 | × | × | × | 0 |
| 1 | 1 | × | × | × | φ |
| 0 | 0 | ↑ | 0 | 0 | $Q^n$ |
| 0 | 0 | ↑ | 1 | 0 | 1 |
| 0 | 0 | ↑ | 0 | 1 | 0 |
| 0 | 0 | ↑ | 1 | 1 | $\overline{Q}^n$ |
| 0 | 0 | ↓ | × | × | $Q^n$ |

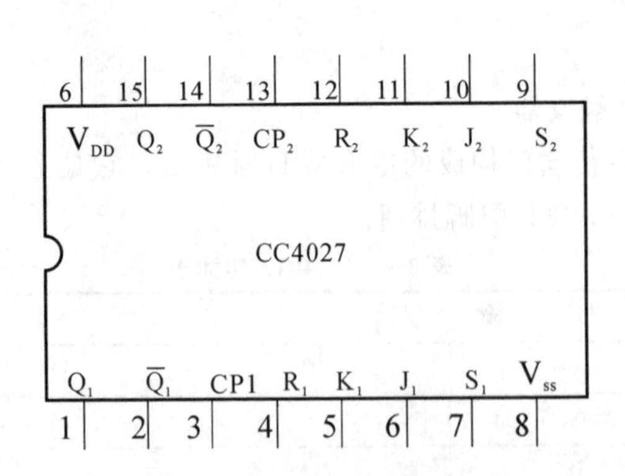


**图 2-12 CC4027 的引脚排列**

CMOS 触发器的直接置位、复位输入端 S 和 R 是高电平有效，当 S=1(或 R=1) 时，触发器将不受其他输入端所处状态的影响，使触发器直接置 1(或置 0)。但直接置位、复位输入端 S 和 R 必须遵守 RS=0 的约束条件。CMOS 触发器在按逻辑功能工作时，S 和 R 必须均置 0。

**4. 用 D 触发器构成异步二进制加/减计数器**

图 2-13 是用四只 D 触发器构成的四位二进制异步加法计数器，它的连接特点是将每只 D 触发器接成 T 触发器，再由低位触发器的 $\overline{Q}$ 端和高一位的 CP 端相连接。

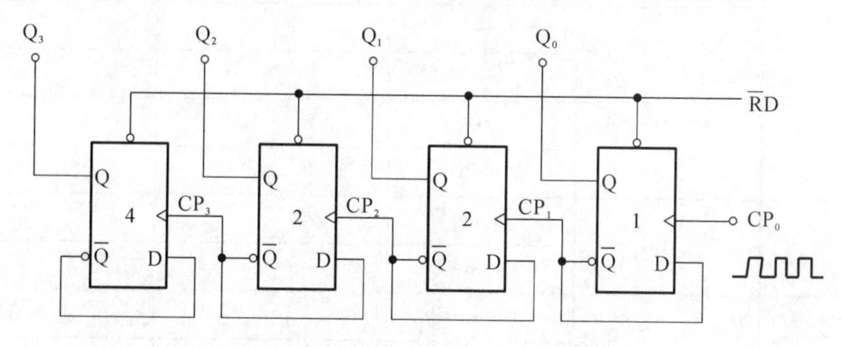


**图 2-13　四位二进制异步加法计数器**

若将图 2-13 稍加改动，即将低位触发器的 Q 端与高一位的 CP 端相连接，即构成了一个 4 位二进制减法计数器。

## 2.4.4　实验设备与器件

(1) +5 V 直流电源。

(2) 双踪示波器。

(3) 连续脉冲源。

(4) 单次脉冲源。

(5) 逻辑电平开关。

(6) 逻辑电平显示器。

(7) 译码显示器。

(8) 74LS112(或 CC4027)、74LS00(或 CC4011)、74LS74(或 CC4013)。

## 2.4.5　实验内容

**1. 测试双 JK 触发器 74LS112 的逻辑功能**

(1) 测试 $\overline{R}_D$、$\overline{S}_D$ 的复位、置位功能。

任取一只 JK 触发器，$\overline{R}_D$、$\overline{S}_D$、J、K 端接逻辑开关输出插口，CP 端接单次脉冲源，Q、$\overline{Q}$ 端接至逻辑电平显示输入插口。要求改变 $\overline{R}_D$、$\overline{S}_D$(J、K、CP 处于任意状态)，并在 $\overline{R}_D=0$($\overline{S}_D=1$) 或 $\overline{S}_D=0$($\overline{R}_D=1$) 作用期间任意改变 J、K 及 CP 的状态，观察 Q、$\overline{Q}$ 状态。自拟表格并记录之。

(2) 测试 JK 触发器的逻辑功能。

按表 2-11 的要求改变 J、K、CP 端状态，观察 Q、$\overline{Q}$ 状态变化，观察触发器状态更新是否发生在 CP 脉冲的下降沿(即 CP 由 1→0)，记录之。

(3) 将 JK 触发器的 J、K 端连在一起，构成 T 触发器。

在 CP 端输入 1 Hz 连续脉冲，观察 Q 端的变化。

在 CP 端输入 1 kHz 连续脉冲，用双踪示波器观察 CP、Q、$\overline{Q}$ 端波形，注意相位关系，描绘之。

表 2-11　JK 触发器的逻辑功能表

| J | K | CP | $Q^{n+1}$ | |
|---|---|---|---|---|
| | | | $Q^n=0$ | $Q^n=1$ |
| 0 | 0 | 0→1 | | |
| | | 1→0 | | |
| 0 | 1 | 0→1 | | |
| | | 1→0 | | |
| 1 | 0 | 0→1 | | |
| | | 1→0 | | |
| 1 | 1 | 0→1 | | |
| | | 1→0 | | |

**2. 测试双 D 触发器 74LS74 的逻辑功能**

(1) 测试 $\overline{R}_D$、$\overline{S}_D$ 的复位、置位功能。

测试方法同上，自拟表格记录之。

(2) 测试 D 触发器的逻辑功能。

按表 2-12 的要求进行测试，并观察触发器状态更新是否发生在 CP 脉冲的上升沿(即由 0→1)，记录之。

表 2-12　74LS74 的逻辑功能表

| D | CP | $Q^{n+1}$ | |
|---|---|---|---|
| | | $Q^n=0$ | $Q^n=1$ |
| 0 | 0→1 | | |
| | 1→0 | | |
| 1 | 0→1 | | |
| | 1→0 | | |

(3) 将 D 触发器的 $\overline{Q}$ 端与 D 端相连接，构成 T′触发器。

测试方法同上，记录之。

**3. 用 CC4013 或 74LS74 D 触发器构成 4 位二进制异步加法计数器**

(1) 按图 2-13 所示接线，$\overline{R}_D$ 接至逻辑开关输出插口，将低位 $CP_0$ 端接单次脉冲源，输出端 $Q_3$、$Q_2$、$Q_1$、$Q_0$ 接逻辑电平显示输入插口，各 $\overline{S}_D$ 接高电平“1”。

(2) 清零后，逐个送入单次脉冲，观察并列表记录 $Q_3$～$Q_0$ 状态。

(3) 将单次脉冲改为 1 Hz 的连续脉冲，观察 $Q_3$～$Q_0$ 的状态。

(4) 将 1 Hz 的连续脉冲改为 1 kHz，用双踪示波器观察 CP、$Q_3$、$Q_2$、$Q_1$、$Q_0$ 端波形，描绘之。

(5) 将图 2-13 电路中的低位触发器的 Q 端与高一位的 CP 端相连接，构成减法计数器，按上述实验内容(2)、(3)、(4) 进行实验，观察并列表记录 $Q_3$～$Q_0$ 的状态。

**4. 双相时钟脉冲电路**

用JK触发器及与非门构成的双相时钟脉冲电路如图2-14所示，此电路是用来将时钟脉冲CP转换成两相时钟脉冲$CP_A$及$CP_B$，其频率相同、相位不同。

分析电路工作原理，并按图2-14所示接线，用双踪示波器同时观察CP、$CP_A$；CP、$CP_B$及$CP_A$、$CP_B$波形，并描绘之。

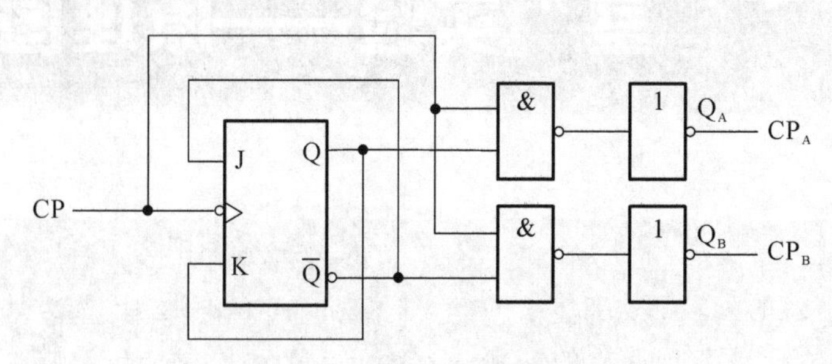


图2-14　双相时钟脉冲电路

**5. 乒乓球练习电路**

电路功能要求：模拟两名运动员在练球时，乒乓球能往返运转。

提示：采用双D触发器74LS74设计实验线路，两个CP端触发脉冲分别由两名运动员操作，两触发器的输出状态用逻辑电平显示器显示。

**思考**

(1) 总结观察到的波形，说明触发器的触发方式。

(2) 体会触发器的应用。

(3) 利用普通的机械开关组成的数据开关所产生的信号是否可作为触发器的时钟脉冲信号？为什么？是否可以用作触发器的其他输入端的信号？又是为什么？

# 第3章 基于FPGA的“口袋实验室”实验——原理图篇

**内容概要**

前一章所涉及的实验都是在传统的实验台上，用分立元件实现简单的数字逻辑设计。现在开始，在口袋实验室Ego1(其他平台也可以)的FPGA上运行我们的原理图设计。本章专门为尚未学习HDL语言以及FPGA设计的同学们量身打造，通过设计流程，可以使用户专注、沉浸在自己的电路设计上，而不被过多的语法和工具设置所困扰。

这一章会接触很多新的知识。比如，本章设计均要用到74系列的IP库文件。什么是IP呢？IP(intellectual property)原意是知识财产，在课程里就是具有一定功能的电路模块。与上一章类似，相当于前人设计好了，放在软件库里，可以被设计者调动的分立元件。还比如同学们要会分配管脚等，在实验步骤中，同学们会逐渐了解。

下面介绍一下lib库里各类芯片IP核(名字基本与教材一致)，以便大家在使用中查询。

## 3.1 IP库使用说明

### 3.1.1 74系列芯片IP核

| 型号 | 内容 |
|---|---|
| 74ls00 | 2输入四与非门 |
| 74ls02 | 2输入四或非门 |
| 74ls04 | 六倒相器 |
| 74ls08 | 2输入四与门 |
| 74ls10 | 3输入三与非门 |
| 74ls11 | 3输入三与门 |
| 74ls20 | 4输入双与非门 |
| 74ls21 | 4输入双与门 |
| 74ls27 | 3输入三或非门 |
| 74ls30 | 8输入与非门 |
| 74ls32 | 2输入四或门 |

```
74ls42        4线-10线译码器(bcd输入)
74ls48        bcd-七段译码器/驱动器(共阳的七段译码器)
74ls74        正沿触发双D型触发器(带预置端和清除端)
74ls48_2.0    bcd-七段译码器/驱动器(共阴的七段译码器)
74ls83        4位二进制全加器(快速进位)
74ls85        4位数值比较器
74ls86        2输入四异或门
74ls90        十进制计数器
74ls138       3线-8线译码器/多路转换器
74ls148       8线-3线八进制优先编码器
74ls151       8选1数据选择器(互补输出)
74ls153       双4选1数据选择器/多路选择器
74ls164       8位并行输出串行移位寄存器
74ls185       二进制-bcd转换器
74ls175       正沿触发四d型触发器(带清除端)
74ls192       同步可逆计数器(bcd,二进制)
```

### 3.1.2 集成芯片 IP 核

```
- - - - - - - - - - - - - - - - - - - - - - - - - - - - - - - - - - - - -
型号                内容
- - - - - - - - - - - - - - - - - - - - - - - - - - - - - - - - - - - - -
clk_div_10 Hz       时钟分频模块
将板载100 MHz的时钟频率分频得到频率为10 Hz的时钟
seg7_hex            七段数码管模块
clk_div_1 Hz        时钟分频模块
将板载100 MHz的时钟频率分频得到频率为1 Hz的时钟
将四位共阴极七段数码管扫描显示
```

## 3.2 74LS00 与非门实验

### 3.2.1 实验目的

（1）掌握 74LS00 与非门 IP 核的使用方法。

（2）初步学会 Vivado 软件的使用，会使用原理图方式进行设计。

（3）初步学会口袋实验室板卡硬件的使用、调试并下载。

### 3.2.2 实验原理

**1. 芯片原理**

以传统的双列直插式的 74LS00、CC4001 为例，集成芯片集成了四个与非门，每个与非门具有 2 个输入端、1 个输出端。原理图如图 3-1 所示，真值表如表 3-1 所示。

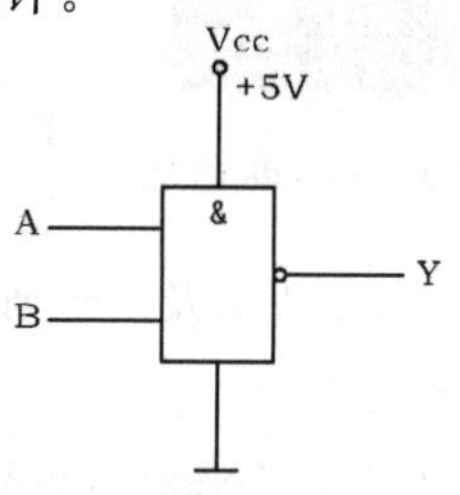


**图 3-1 74LS00 与非门逻辑功能**

表 3-1　74LS00 与非门真值表

| 输　　入 | | 输　　出 |
| --- | --- | --- |
| A | B | Y |
| 0 | 0 | 1 |
| 1 | 0 | 0 |
| 1 | 1 | 0 |

**2. 本实验所需要的 IP 核——74LS00**

此实验 IP 核是按 74LS00 功能表设计，如图 3-2 所示。管脚定义与使用方法基本与双列直插式的集成芯片一致，一片 74LS00 芯片内部包含 4 个两输入与非门。

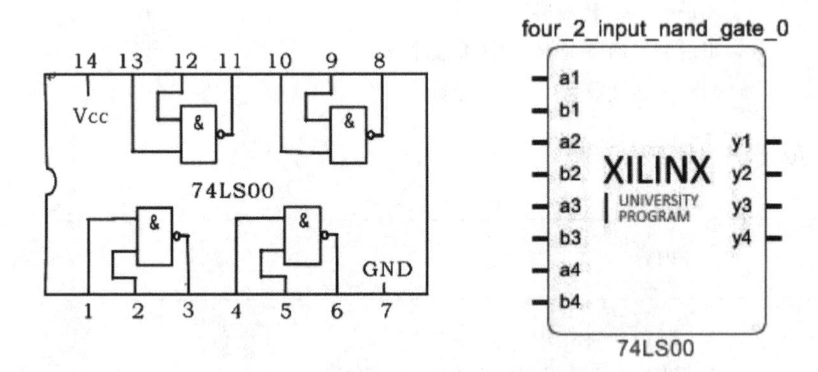


图 3-2　74LS00 芯片管脚图与 IP 核

### 3.2.3　实验步骤

**1. 创建工程**

(1) 双击桌面图标，如图 3-3 所示。打开 Vivado 2017.2，或者选择开始＞所有程序＞Xilinx Design Tools＞Vivado 2017.2＞Vivado 2017.2。

图 3-3　Vivado 图标

(2) 选择“Create New Project”，或者单击 File＞New Project，创建一个新的工程。界面如图 3-4 所示。

(3) 进入新建工程向导，如图 3-5 所示。弹出工程导向窗口，点击 Next 继续。

(4) 在 Project Name 界面中，将工程名称修改为“lab1”，并设置好工程存放路径。勾选“Create project subdirectory”，这样，整个工程文件都将存放在创建的“lab1”子目录中，点击 Next，如图 3-6 所示。注意，工程名及工程所在的路径中只能包括数字、字母及下划线，不允许出现空格、汉字以及特殊字符等。

(5) 点击“Next”，指定创建的工程类型，选择“RTL Project”，如图 3-7 所示。由于本工程无须创建源文件，故将“Do not specify sources at this time”(不指定添加源文件)勾选上。

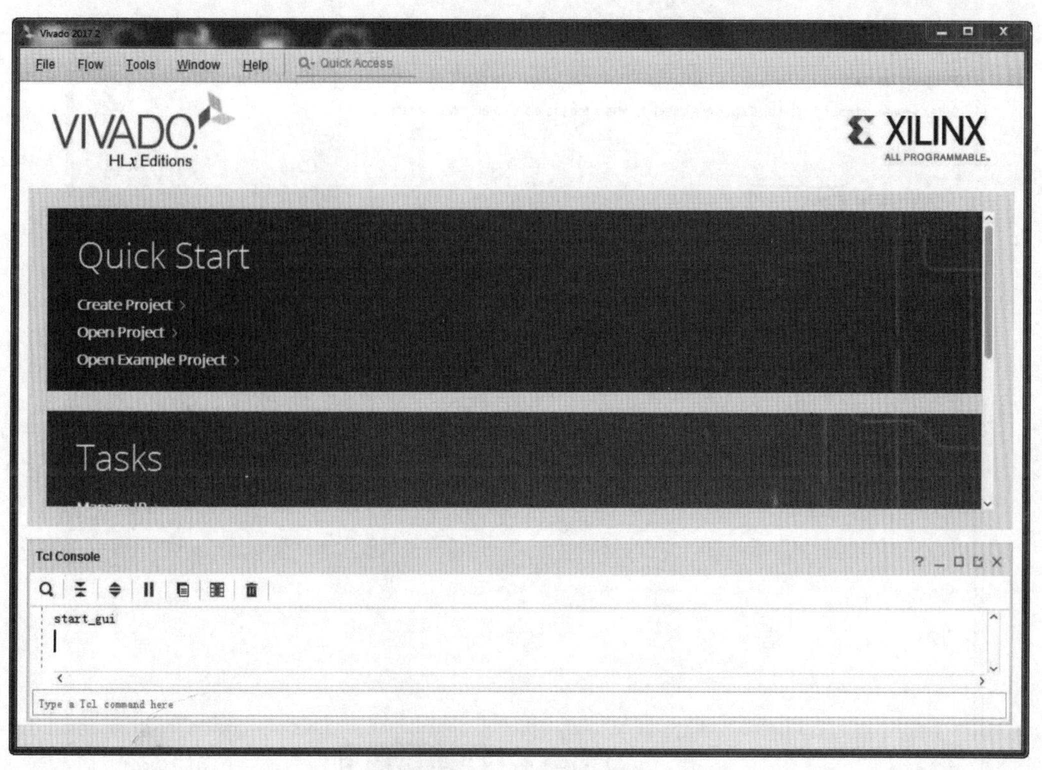


图 3-4　Vivado 窗口界面

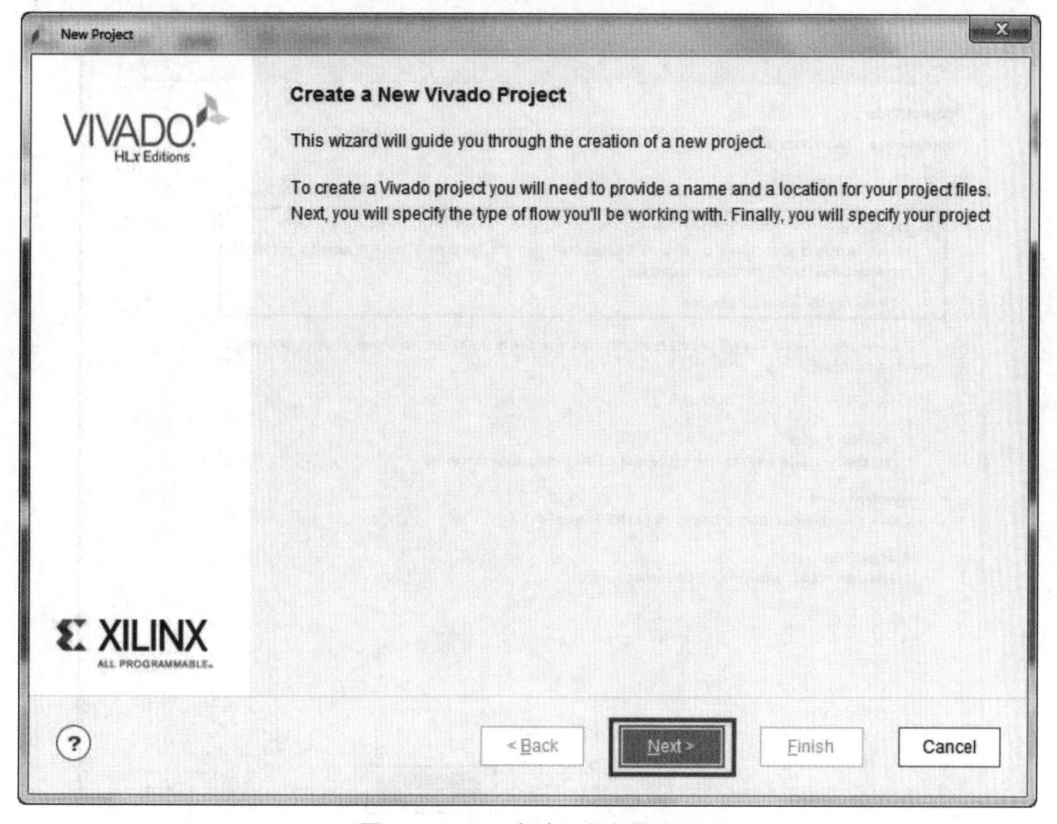


图 3-5　Vivado 新建工程向导图示

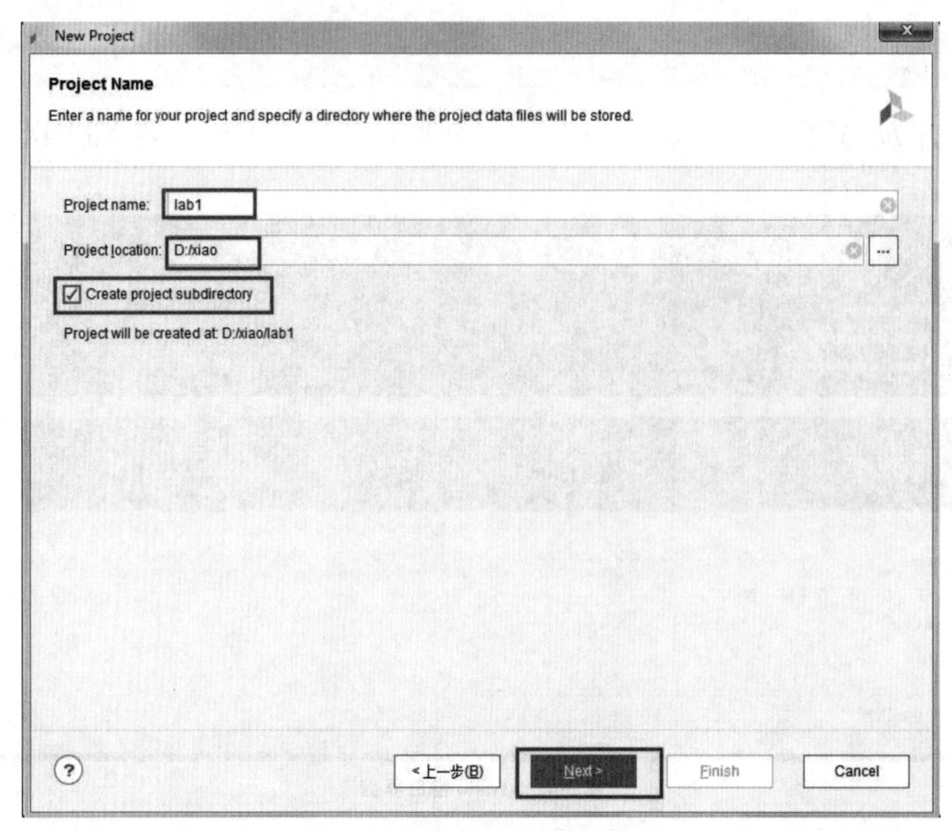


图 3-6　项目名称、路径设定窗口

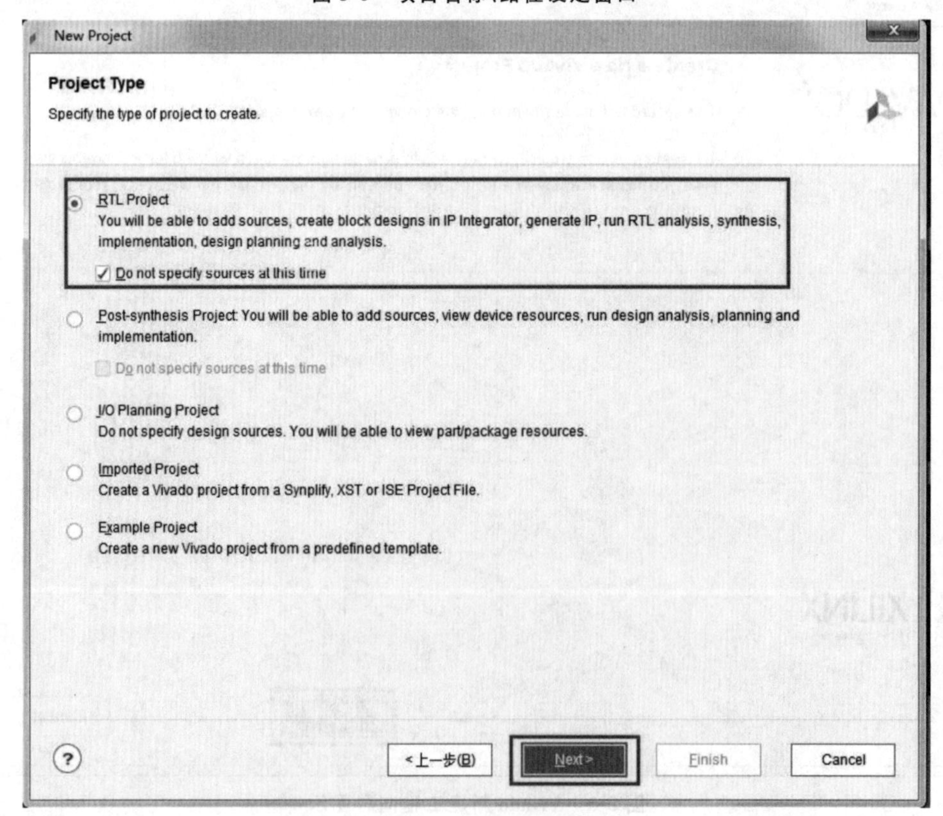


图 3-7　项目类型

(6) 连续点击“Next”。进入器件选择界面，在 Search 栏中输入 xc7a35tcsg324 搜索本次实验所使用的 ego1 板卡上的 FPGA 芯片。并选择 xc7a35tcsg324-1 器件。也可通过下拉菜单选择器件的系列、封装形式、速度等级和温度等级，在符合条件的器件中选中板卡对应的芯片，如图 3-8 所示。

Family(器件的系列)：Artix-7；

Package(封装形式)：csg324；

Speed grade(速度等级)：−1。

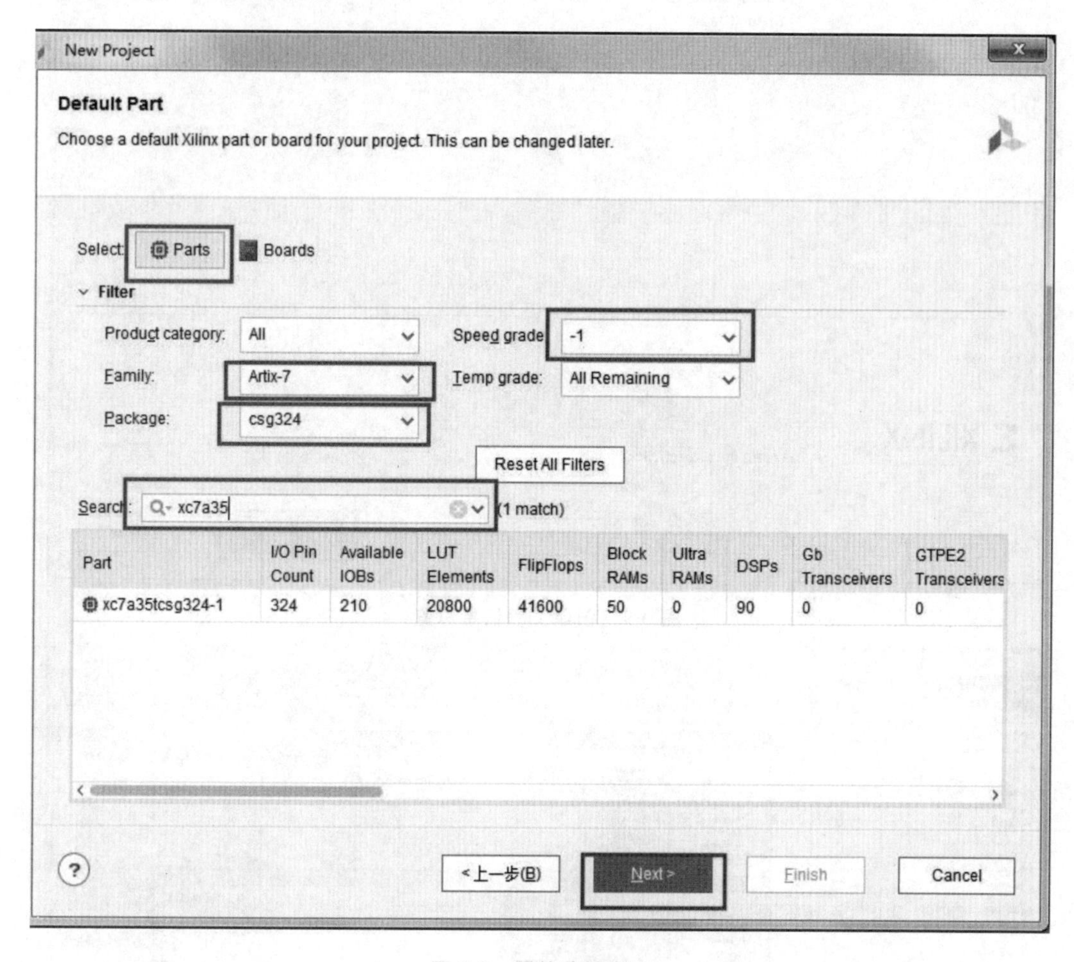


图 3-8　器件选择窗口

(7) 点击“Next”，进入 Summary 界面查看所创建工程的相关信息，如项目名称、添加的源文件以及约束文件的数量和选择的目标 FPGA 器件。确认信息无误后，点击“Finish”完成工程创建，如图 3-9 所示。

(8) 点击“Finish”，工程创建完毕。

**2. 添加已设计好的 IPcore**

工程建立完毕，我们需要将 lab1 这个工程所需的 IP 目录文件夹复制到本工程文件夹下。本工程需要一个 IP 目录：74LSXX_LIB。

(1) 如图 3-10 所示，在 Vivado 设计界面的左侧设计向导栏 Flow Navigator 中，点击 Project Manager 目录下的“Settings”。

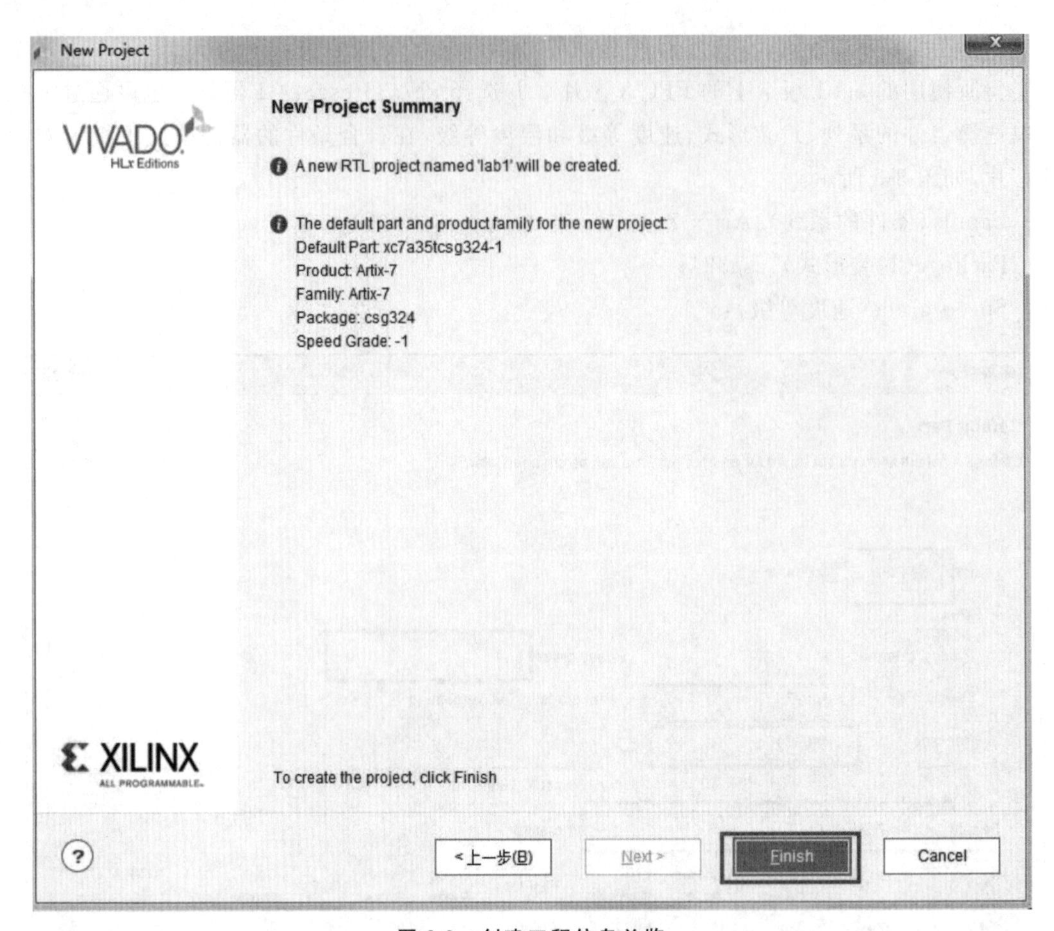


图 3-9　创建工程信息总览

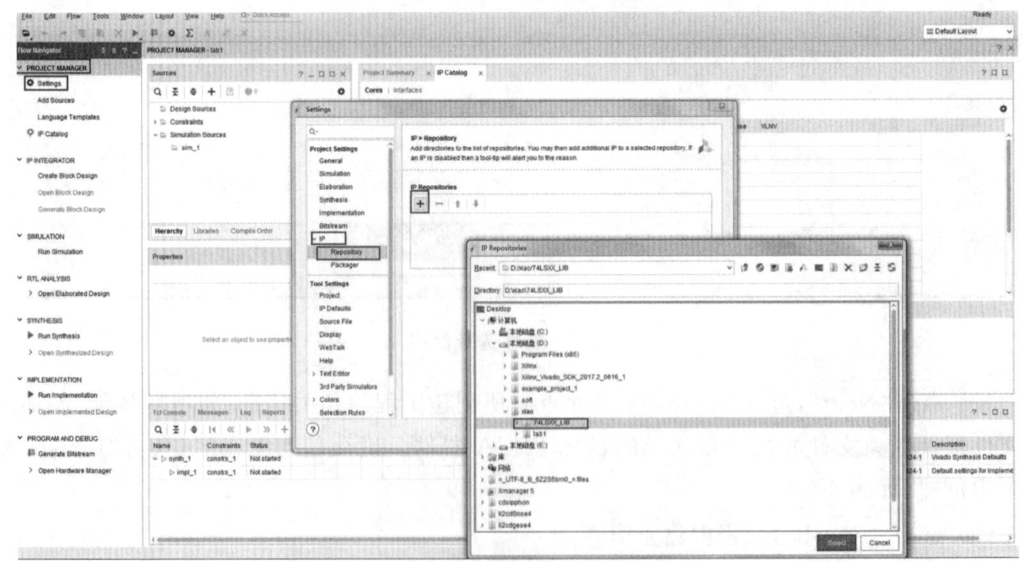

图 3-10　项目添加 IP 核

(2) 在 Project Setting 界面中，选择 IP 选项，进入 IP 设置界面。点击"Repository"，点击'+'添加。

(3) 选择之前复制的 IP 文件夹，点击"select"。

(4) 完成目录添加后，可以看到所需 IP 已经自动添加，如图 3-11 所示。连续点击"OK"。

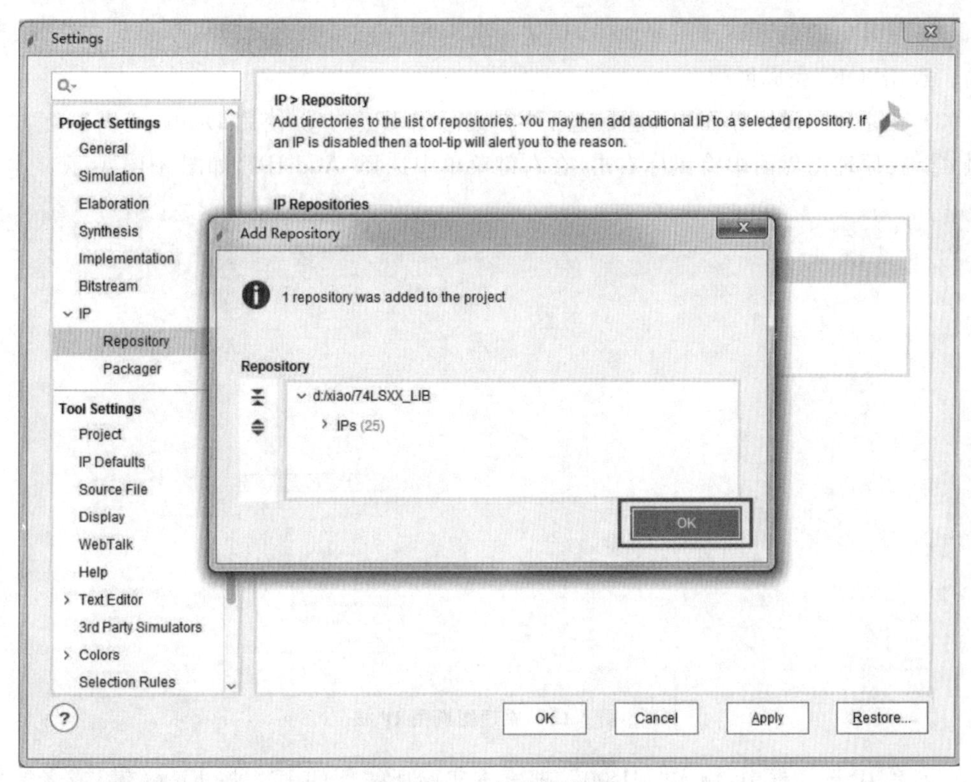


图 3-11　IP 核成功添加

**3. 创建原理图，添加 IP，进行原理图设计**

(1) 在 Flow Navigator 下的 IP INTEGRATOR 目录下，点击“Create Block Design”，创建原理图，如图 3-12 所示。

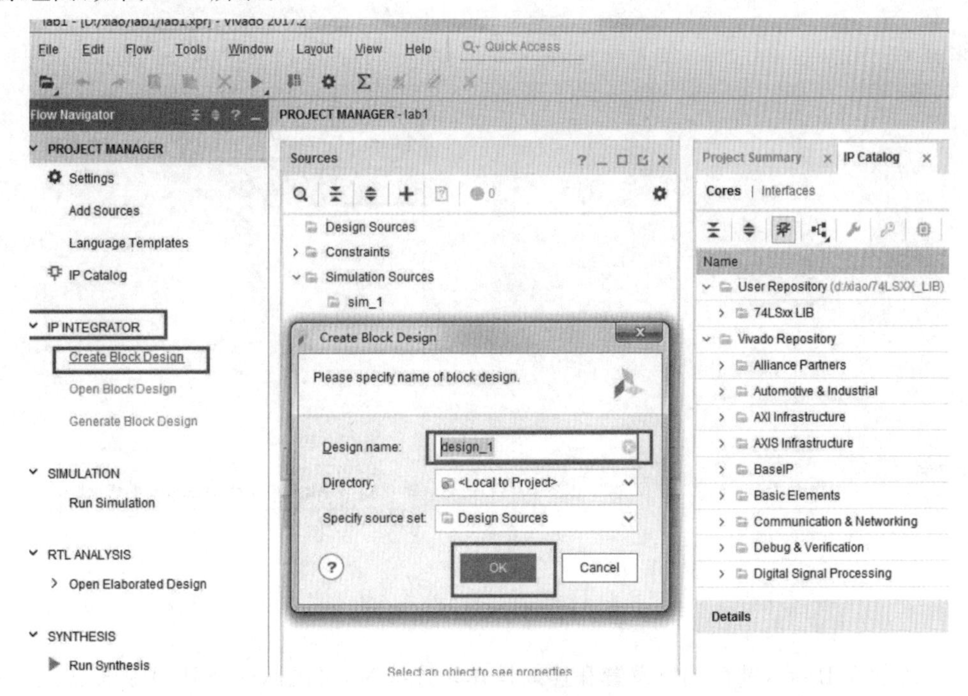


图 3-12　创建原理图

（2）在弹出的创建原理图界面中，默认命名为“design_1”，建议设成学号后四位，识别度较高。点击“OK”完成创建。

（3）在原理图设计界面中，主要有两种方式添加 IP 核：① 使用 Diagram 窗口上方的快捷键；② 在原理图界面中将鼠标右击，在右键菜单中选择“Add IP”，如图 3-13 所示。

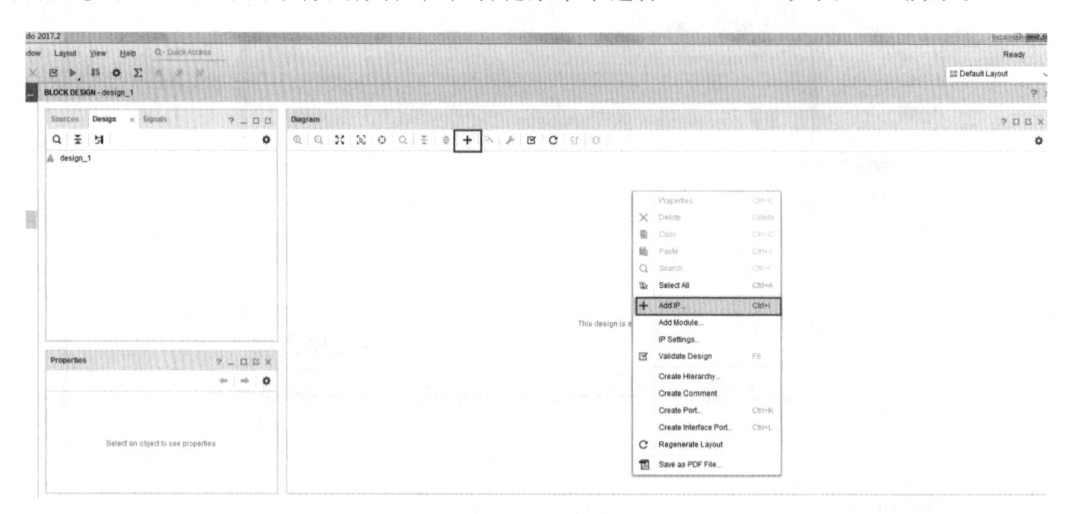

图 3-13 原理图调用 IP 核

（4）在 IP 选择框中，输入“74ls00”，搜索本实验所需要的 IP。按 Enter 键，或者鼠标双击该 IP，可以完成添加，如图 3-14 所示。

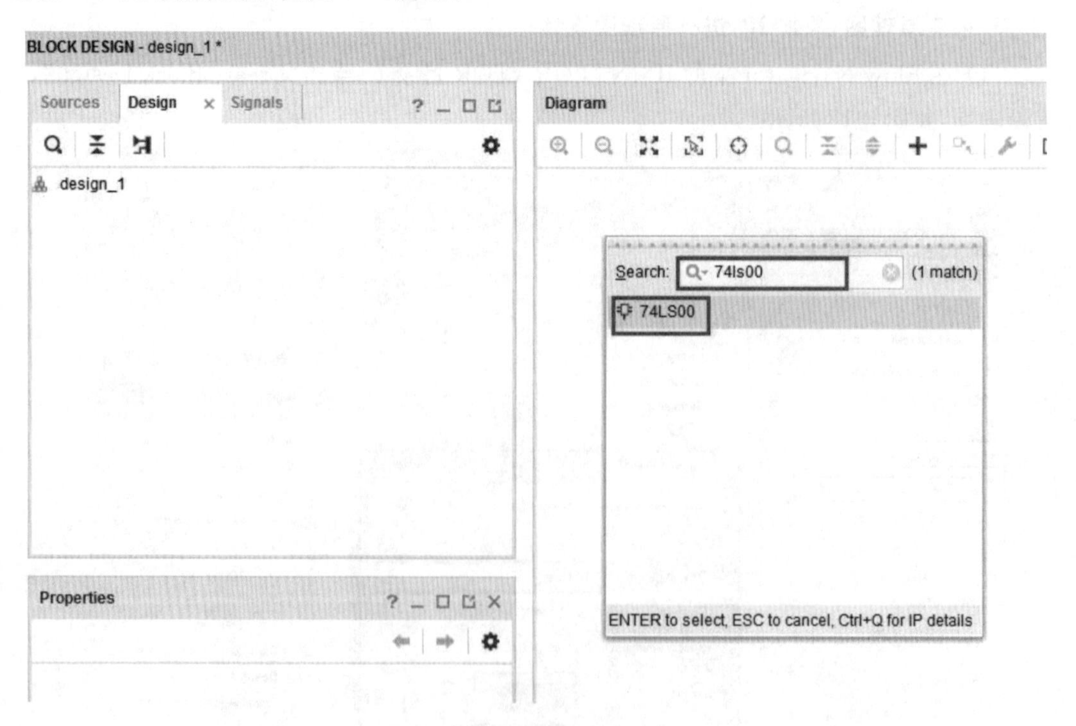


图 3-14 74LS00IP 核调用

（5）添加完 IP 后，进行端口设置和连线操作。连线时，将鼠标移至 IP 引脚附近，鼠标图案变成铅笔状。此时，点击鼠标左键进行拖拽。Vivado 能提醒用户可以与该引脚相连的引脚或端口。

创建端口有下列两种方式。

① 当需要创建与外界相连的端口时，可以在空白处右击选择 Create Port...，设置端口名称、方向以及类型，如图 3-15 所示。

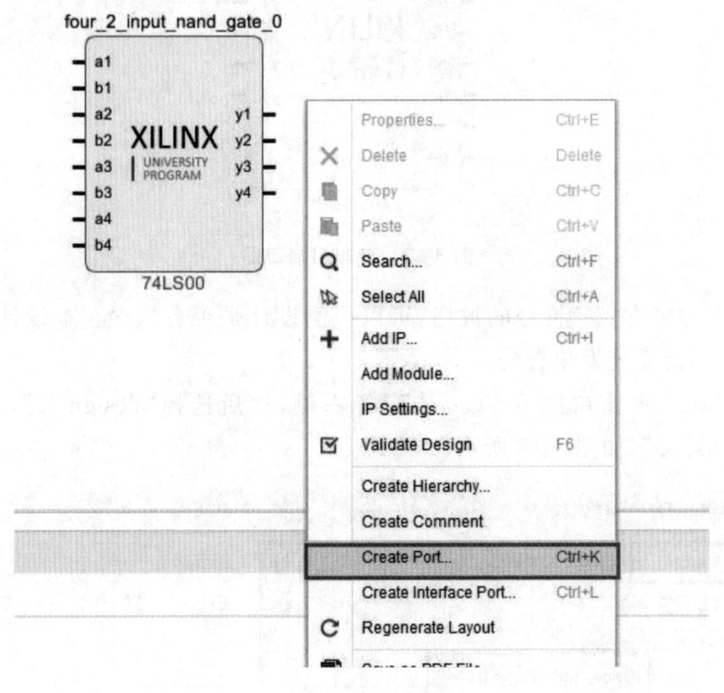


图 3-15　端口设置

② 点击选中 IP 的某一引脚，右击选择 Make External 可自动创建与引脚同名、同方向的端口，如图 3-16 所示。

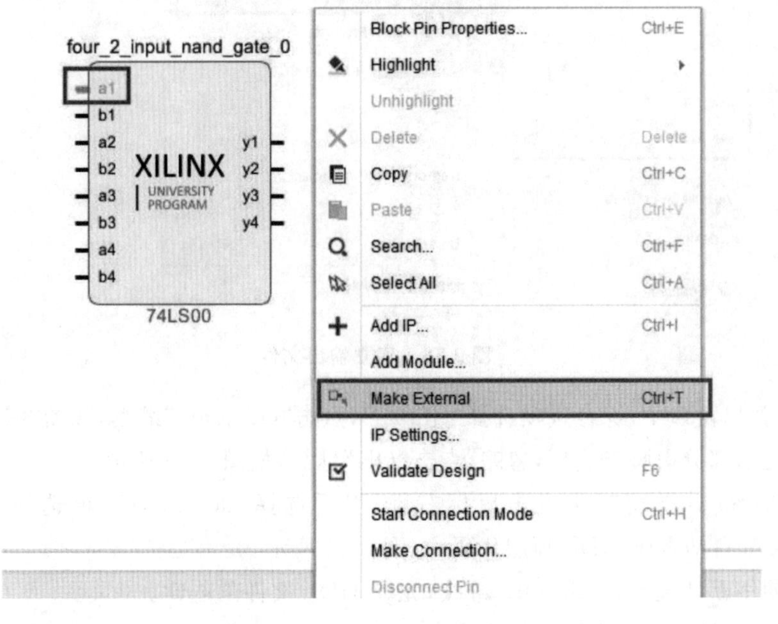


图 3-16　引脚同名端口设置

（6）将 3 个引脚向外引出(make external)，如图 3-17 所示。

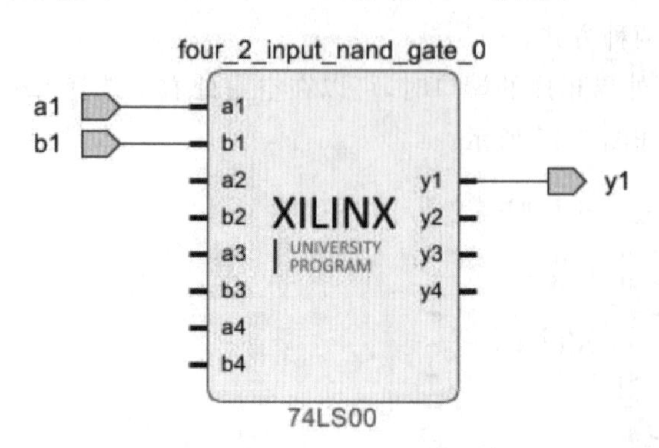


图 3-17　与非门端口图

（7）点击上方带有“√”符号的按钮，可以检测设计是否有错误。本设计由于多余的端口没有接信号，因此系统发出警告。

（8）点击 Sources 窗口的 project，点鼠标右键，然后选择“design_1”，选择“Generate Output Products...”，如图 3-18 所示。

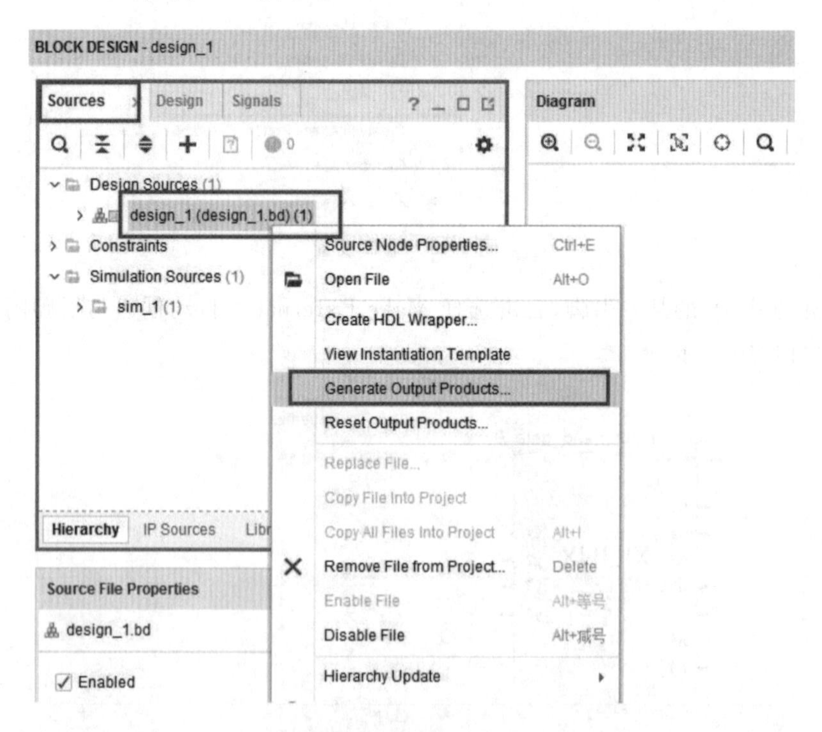


图 3-18　建立输出文件

（9）在弹出窗口中，综合选项选择“Global”，点击“Generate”继续，如图 3-19 所示。

（10）提示部分引脚未连接，忽略，点击“OK”继续，如图 3-20 所示。

（11）在 Sources 窗口中点击鼠标右键，然后选择“design_1”，再选择“Create HDL Wrapper...”，自动生成 HDL 顶层代码，如图 3-21 所示。

（12）使用默认选项，点击“OK”继续，完成 HDL 文件的创建。

（13）至此，原理图的设计已经完成。

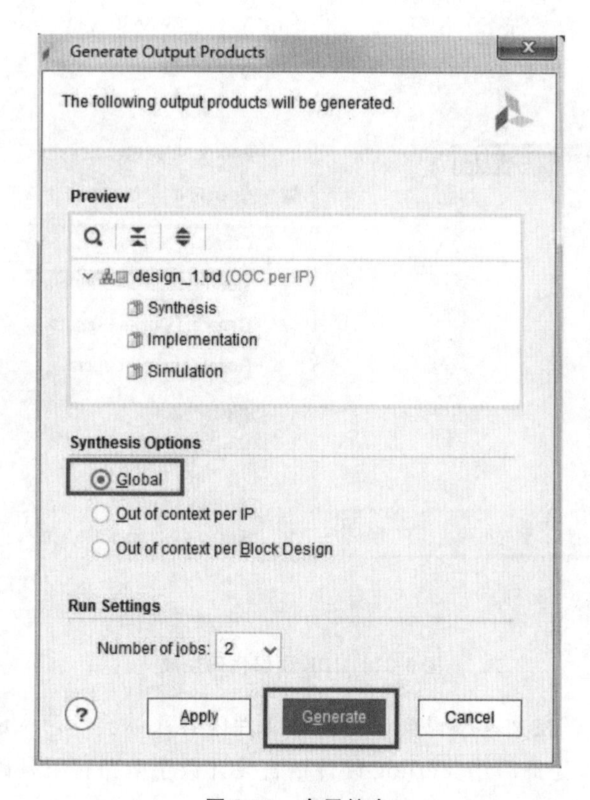


图 3-19　全局综合

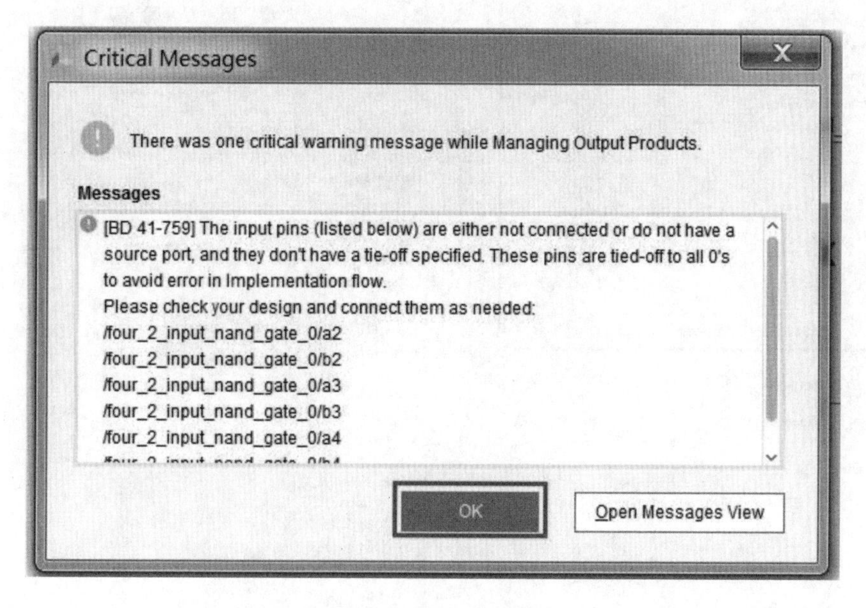


图 3-20　引脚未用完警告

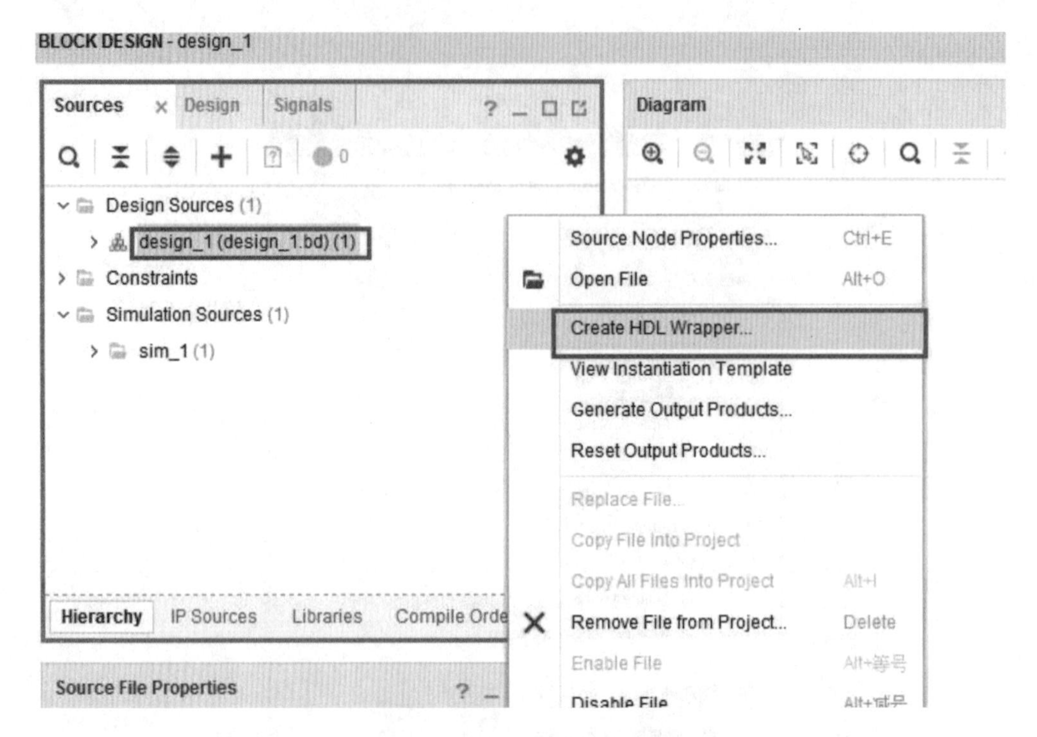


图 3-21　HDL 顶层代码生成

（14）双击“lab1. v”在文本编辑窗口中查看文件内容。体会学习 Verilog 硬件语言编辑的两输入与非门程序，为日后用 Verilog 硬件语言设计数字电路打下基础，如图 3-22 所示。

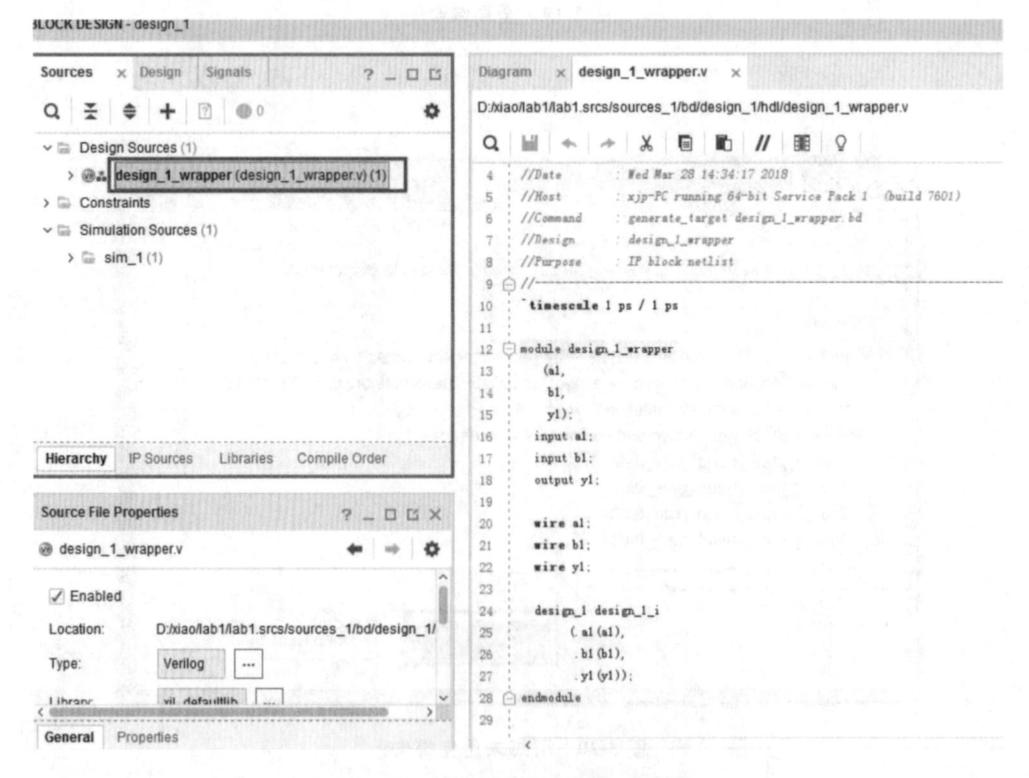


图 3-22　两输入与非门 Verilog 程序

**4. 添加I/O约束文件(分配引脚)**

由于原理图必须下载到硬件板卡里,原理图的输入/输出引脚就必须和硬件板卡众多的I/O引脚一一对应。添加约束文件就是设定这种对应关系。有两种方法可以添加约束文件:一是可利用Vivado中I/O planning功能;二是可以直接新建XDC的约束文件,手动输入约束命令。两种方法各有好处。

(1) 先来看第一种方法,利用I/O planning功能添加约束文件。

① 点击Flow Navigator中Synthesis中的Run Synthesis,先对工程进行综合。

② 综合完成之后,选择Open Synthesized Design,打开综合结果。

此时应看到如图3-23所示的I/O planning添加约束文件界面,如果没有出现此界面,在菜单Windows中选择I/O ports一项,界面就会出现。

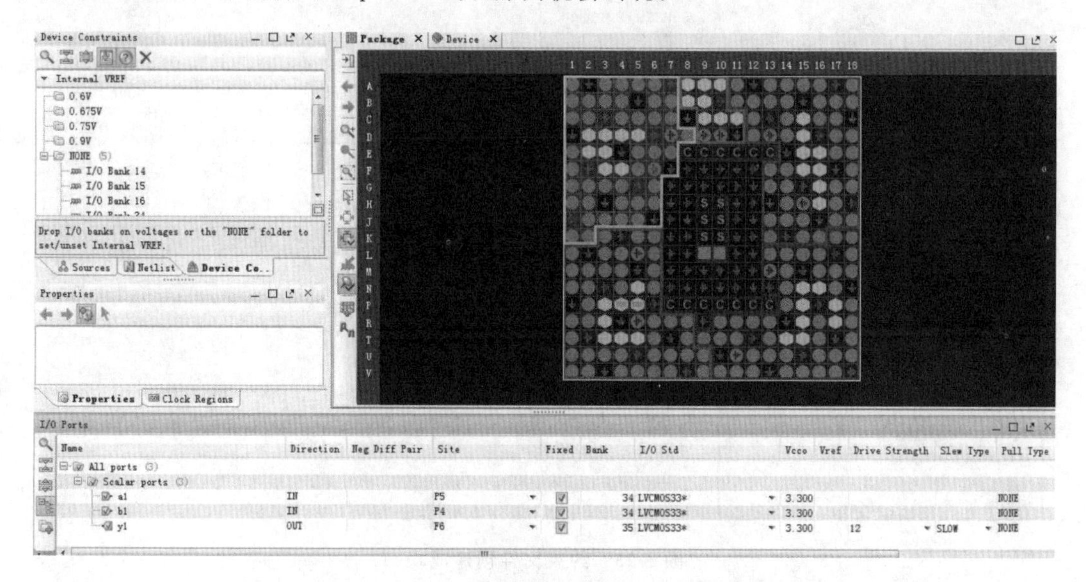

图3-23 利用I/O planning功能添加约束文件

③ 在右下方的选项卡中切换到I/O ports一栏,并在对应的信号后输入对应的FPGA管脚标号(或将信号拖拽到右上方Package图中对应的管脚上),并指定I/O std。

注意:具体的FPGA约束管脚和I/O电平标准,一定要参考对应板卡的用户手册或原理图。EGO1原理图上的引脚(如a1、b1、y1)应指定到板卡上相应的I/O引脚标号(开关P4、P5和led F6)上。物理引脚的电平标准都为3.3 V,故选择“LVCMOS33”。

④ 完成之后,点击左上方工具栏中的保存命令或者点击“Ctrl+S”进行保存修改。工程提示新建XDC文件或选择工程中已有的XDC文件。在这里,我们要“Create a new file”,输入文件名,点击OK完成约束过程,如图3-24所示。

⑤ 此时,在Sources下Constraints中会找到新建的XDC文件,如图3-25所示。

(2) 如何利用第二种方法添加约束文件。

① 在Flow Navigator中,展开PROJECT MANAGER,点击“Add Sources”或蓝色“+”按键。

② 选择“Add or create constraints”,点击Next继续,如图3-26所示。

③ 点击Create File,新建一个XDC文件,输入lab1,点击OK,如图3-27所示。最后点击Finish。

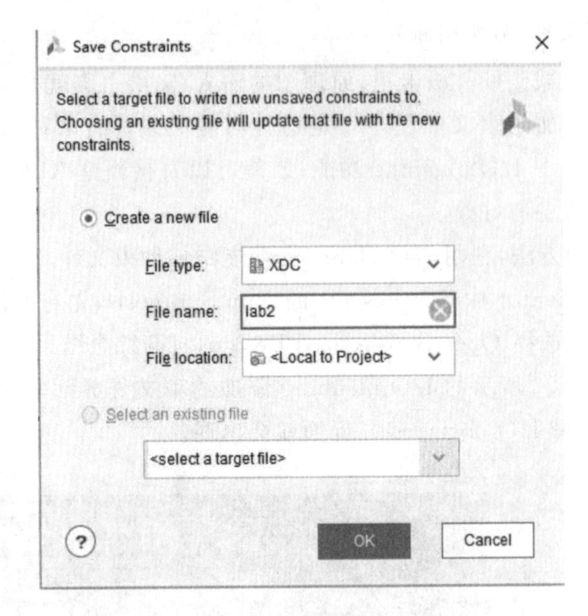


图 3-24 创建约束文件

图 3-25 约束文件创建成功

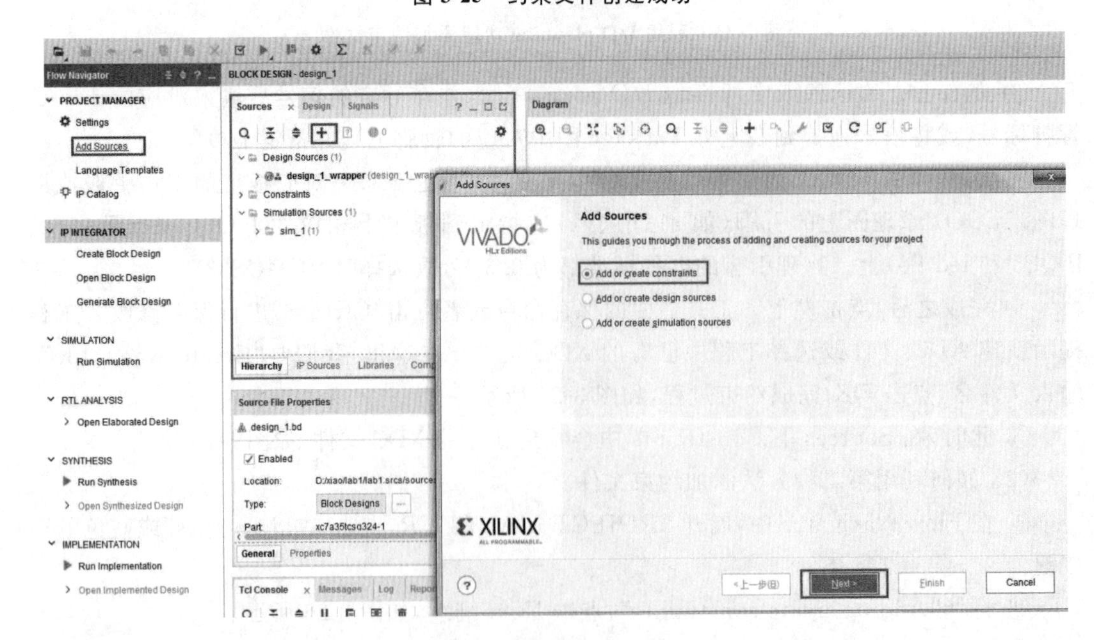


图 3-26 添加引脚分配文件

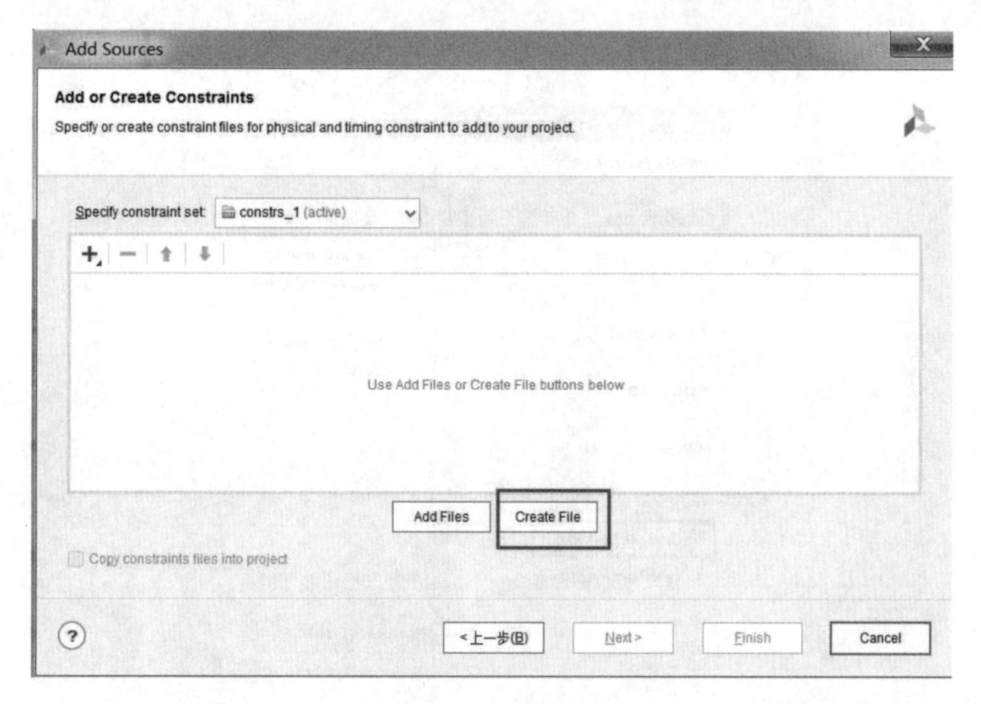


图 3-27　创建约束文件

参考 EGO1 产品手册或板卡实物，将原理图上的引脚(如 a1，b1，y1) 指定到板卡上相应的 I/O 引脚标号(开关 P4、P5 和 led F6)上。EGO1 物理引脚的电平标准都为 3.3 V，故选择“LVCMOS33”。输入相应的 FPGA 管脚约束信息和电平标准。约束文件如下：

```
set_property PACKAGE_PIN P5[get_ports a1]
set_property PACKAGE_PIN P4 [get_ports b1]
set_property PACKAGE_PIN F6 [get_ports y1]
set_property IOSTANDARD LVCMOS33 [get_ports a1]
set_property IOSTANDARD LVCMOS33 [get_ports b1]
set_property IOSTANDARD LVCMOS33 [get_ports y1]
```

管脚分配表如表 3-2 所示。

表 3-2　74LS00 与非门实验管脚分配表

| 程序中的管脚名 | 实际管脚 FPGA I/O PIN | 说　　明 |
|---|---|---|
| a1 | P5 | 拨码开关 SW0 |
| b1 | P4 | 拨码开关 SW1 |
| y1 | F6 | LED 灯 |

**5. 下载**

(1) 点击 Generate Bitstream，然后在弹出的对话框中选择 Yes，软件会自动完成综合和布局布线，并生成硬件配置文件，如图 3-28 所示。

(2) 在弹出窗口中可以选择电脑处理器核使用个数，允许多个任务同时进行，如图 3-29 所示。

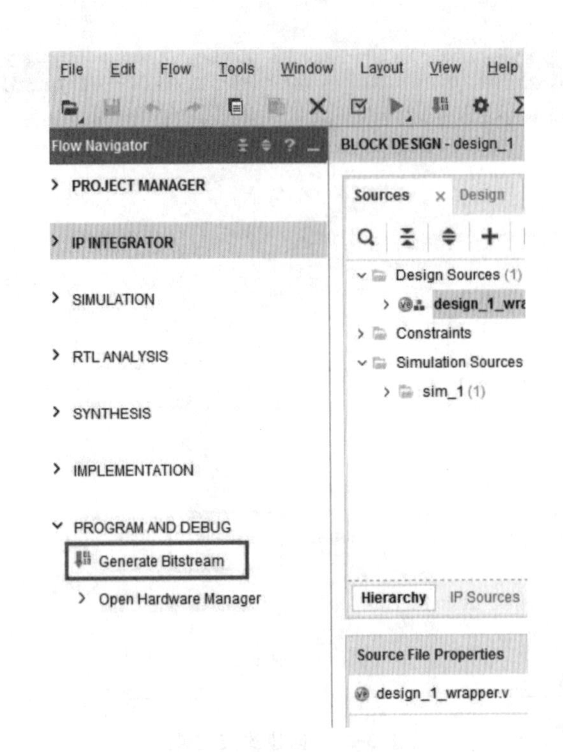


图 3-28 生成二进制文件

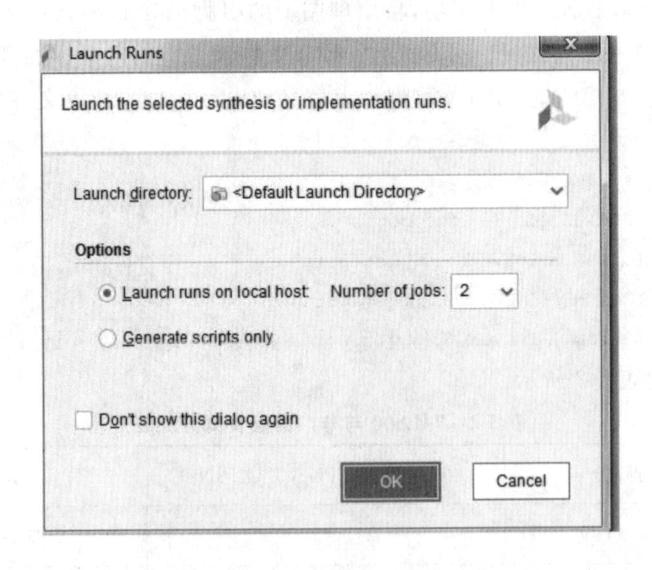


图 3-29 允许多个任务同时进行

(3) 当出现“Bitstream Generation Completed”的窗口时，选择“Open Hardware Manager”打开硬件管理器，点击 OK 继续，如图 3-30 所示。

(4) 用 Micro USB 线连接电脑与板卡上的 Type-C 端口，并打开电源开关。上电成功后 LED 灯(D18) 点亮。在“Hardware Manager”界面点击“Open target”，选择“Auto Connect”，如图 3-31 所示。

(5) 连接完成后，我们可以在 Hardware 窗格中找到连接的设备。点击上方的“Program device”，在弹出的窗口中选择相应的比特流文件，点击“Program”开始下载，如图 3-32 所示。

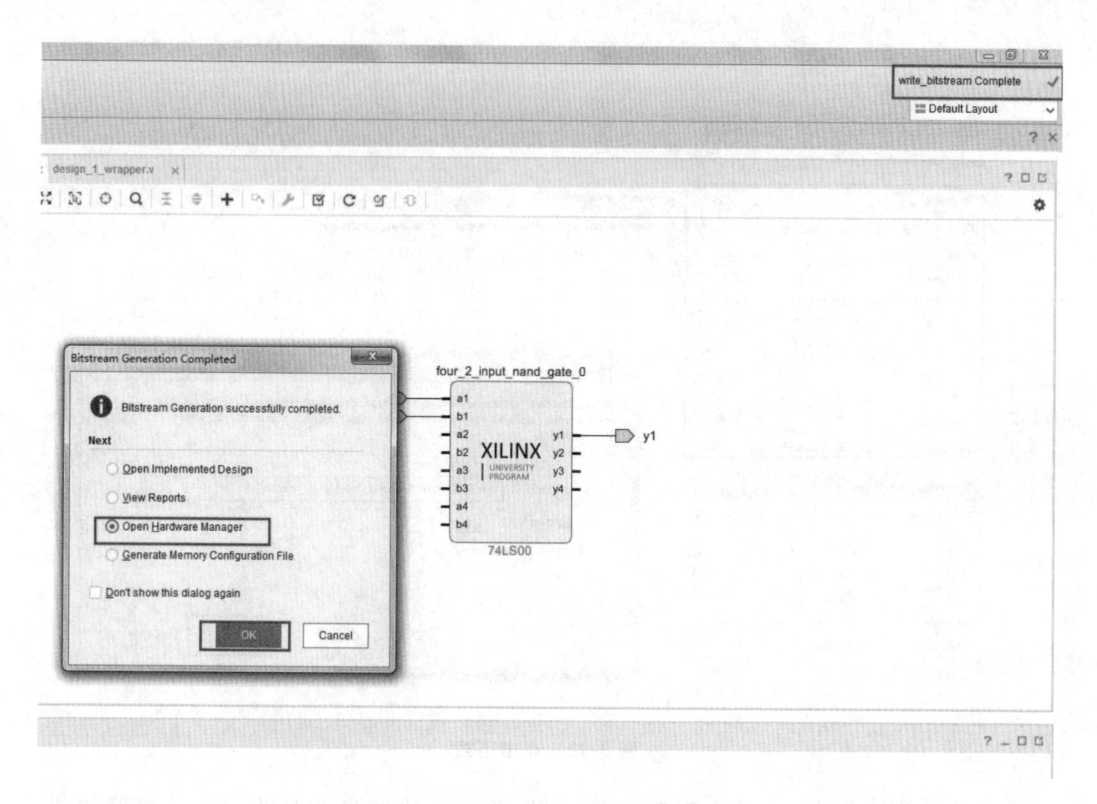


图 3-30　Hardware Manager

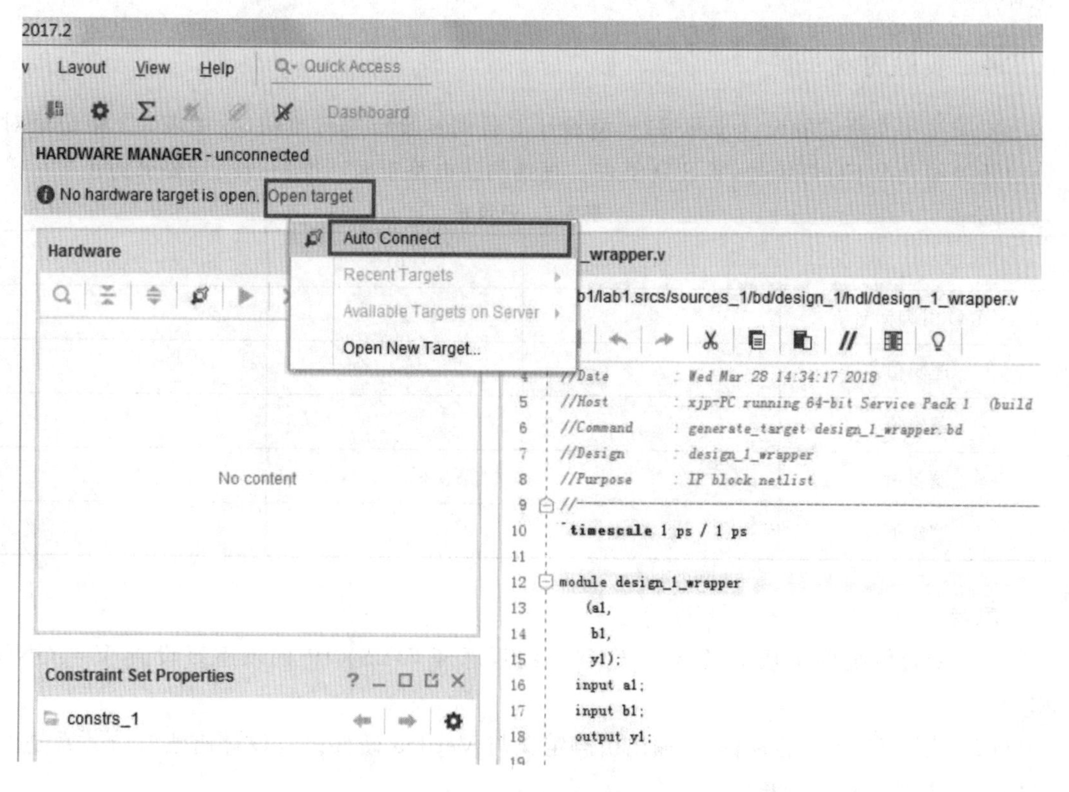


图 3-31　连接设备

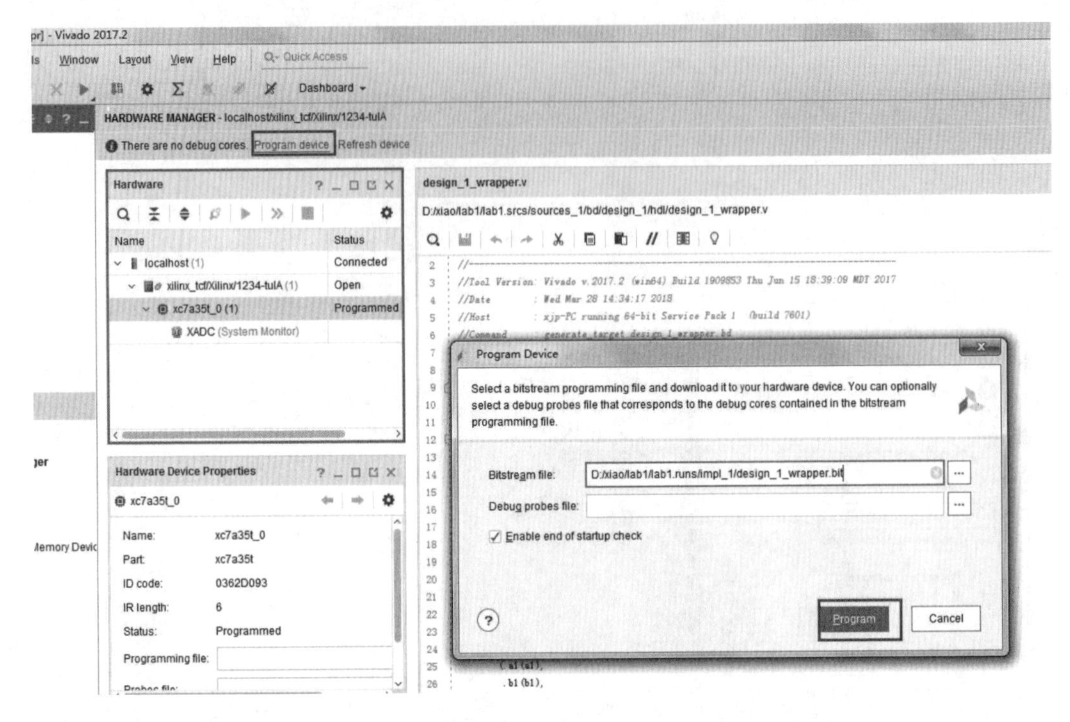


图 3-32　点击下载

(6) 下载完成后，在板子上观察实验结果，并将实验结果和与非门的计算结果进行比对。

## 3.2.4　实验内容

要求按本文所述的设计步骤进行，将设计下载到实验板进行验证，并在表 3-3 中记录对应的开关编号/LED 灯编号，验证真值表。直到测试电路逻辑功能符合设计要求为止。

表 3-3　记录表

| | a1 | b1 | y1 |
|---|---|---|---|
| I/O 引脚标号 | | | |
| 逻辑值 | | | |
| 逻辑值 | | | |
| 逻辑值 | | | |
| 逻辑值 | | | |

**思考**

(1) 结合传统的集成芯片 $V_{CC}$、GND 引脚，思考 74LS00IP 核该不该设置 $V_{CC}$、GND 引脚？

(2) 传统 74LS00 芯片输入/输出引脚定义与 Verilog 硬件语言设计语法对应关系是怎样的？能否把它描述出来？

## 3.3 组合逻辑实现三变量表决电路

### 3.3.1 实验目的

(1) 掌握74LS00、74LS20、74LS138、74LS151 IP核的使用方法。

(2) 理解三变量表决电路,初步掌握组合逻辑的设计方法。

(3) 进一步学会口袋实验室软硬件的使用方法,初步理解FPGA开发流程。

### 3.3.2 实验原理

**1. 74LS00、74LS20、74LS138、74LS151 IP核功能说明**

(1) 74LS00,2输入四与非门,引脚排列与IP核如图3-33所示。原理详见第3.1节,不再赘述。

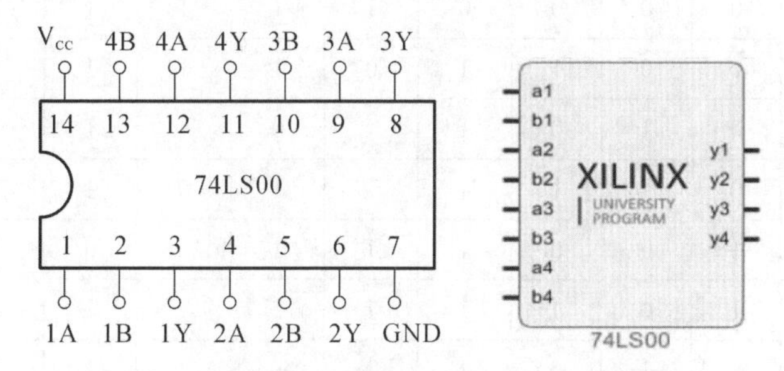


**图3-33 74LS00引脚排列图与IP核示意图**

(2) 74LS20,4输入双与非门,引脚排列与IP核如图3-34所示。

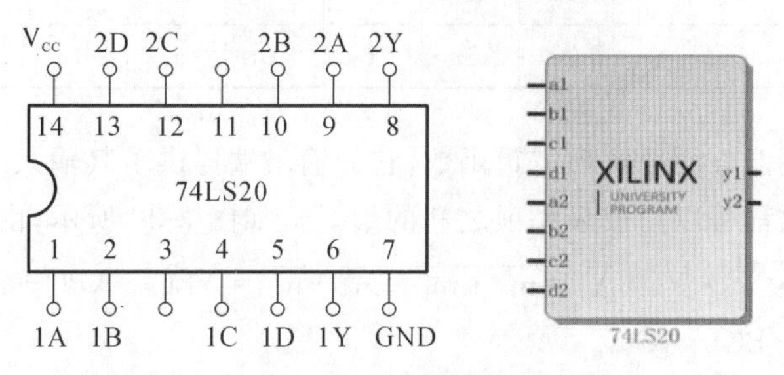


**图3-34 74LS20引脚排列图与IP核示意图**

(3) 74LS138,3-8译码器。

译码电路有二进制译码器、十进制译码器和显示译码器三类。二进制译码器一般具有$n$个输入端、2的$n$次幂个输出端。在使能输入端为有效电平时,对应每一组输入代码,仅一个输出端为有效电平,其余输出端为无效电平(与有效电平相反)。有效电平可以是高电平(称为高电平译码),也可以是低电平(称为低电平译码)。3-8译码器就属于二进制译码器,其输入的3位二进制代码共有8种状态。这8种状态分别用输出线上的高低电平表示。74LS138引脚排列与IP核如图3-35所示。

74LS138功能表如表3-4所示,当$S_1=1,\bar{S}_2+\bar{S}_3=0$时,器件使能,地址码所指定的输出端有信号(为0)输出,其他所有输出端均无信号(全为1)输出。当$S_1=0,\bar{S}_2+\bar{S}_3=\times$时,或

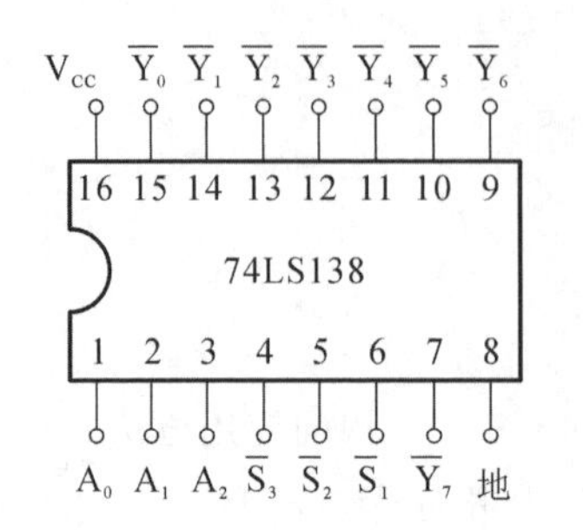

**图 3-35　74LS138 引脚排列图与 IP 核示意图**

$S_1=\times$，$\bar{S}_2+\bar{S}_3=1$ 时，译码器被禁止，所有输出同时为 1。

**表 3-4　74LS138 功能表**

| 输入 | | | | | 输出 | | | | | | | |
|---|---|---|---|---|---|---|---|---|---|---|---|---|
| $S_1$ | $\bar{S}_2+\bar{S}_3$ | $A_2$ | $A_1$ | $A_0$ | $\overline{Y_0}$ | $\overline{Y_1}$ | $\overline{Y_2}$ | $\overline{Y_3}$ | $\overline{Y_4}$ | $\overline{Y_5}$ | $\overline{Y_6}$ | $\overline{Y_7}$ |
| 1 | 0 | 0 | 0 | 0 | 0 | 1 | 1 | 1 | 1 | 1 | 1 | 1 |
| 1 | 0 | 0 | 0 | 1 | 1 | 0 | 1 | 1 | 1 | 1 | 1 | 1 |
| 1 | 0 | 0 | 1 | 0 | 1 | 1 | 0 | 1 | 1 | 1 | 1 | 1 |
| 1 | 0 | 0 | 1 | 1 | 1 | 1 | 1 | 0 | 1 | 1 | 1 | 1 |
| 1 | 0 | 1 | 0 | 0 | 1 | 1 | 1 | 1 | 0 | 1 | 1 | 1 |
| 1 | 0 | 1 | 0 | 1 | 1 | 1 | 1 | 1 | 1 | 0 | 1 | 1 |
| 1 | 0 | 1 | 1 | 0 | 1 | 1 | 1 | 1 | 1 | 1 | 0 | 1 |
| 1 | 0 | 1 | 1 | 1 | 1 | 1 | 1 | 1 | 1 | 1 | 1 | 0 |
| 0 | × | × | × | × | 1 | 1 | 1 | 1 | 1 | 1 | 1 | 1 |
| × | 1 | × | × | × | 1 | 1 | 1 | 1 | 1 | 1 | 1 | 1 |

二进制译码器还能方便地实现逻辑函数，它的输出端提供了其输入变量的全部最小项。任何一个三变量函数都可以写成最小项之和的形式。如图 3-36 所示，由于 $A_2=A$，$A_1=B$，$A_0=C$，那么 $Z=\overline{\overline{Y_3}\cdot\overline{Y_5}\cdot\overline{Y_6}\cdot\overline{Y_7}}=\overline{\overline{m_3}\cdot\overline{m_5}\cdot\overline{m_6}\cdot\overline{m_7}}=ABC+AB\bar{C}+\bar{A}BC+A\bar{B}C$，实现的逻辑函数是 $Z=AB+BC+AC$。

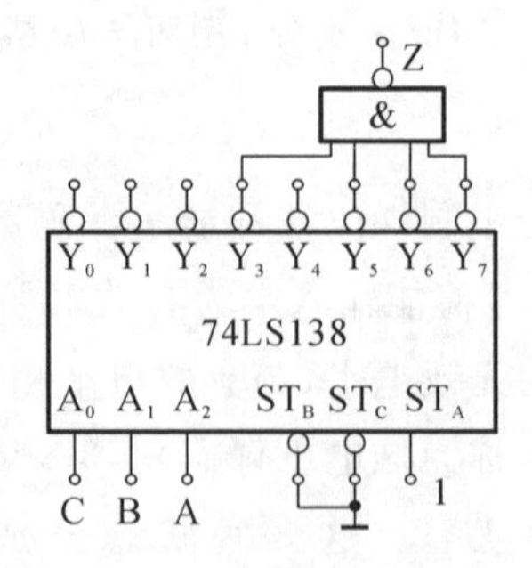


**图 3-36　74LS138 实现逻辑函数**

(4) 74LS151，8 选 1 数据选择器。数据选择器为目前逻辑设计中应用十分广泛的逻辑部件，引脚排列与IP核如图3-37所示，功能如表3-5所示。

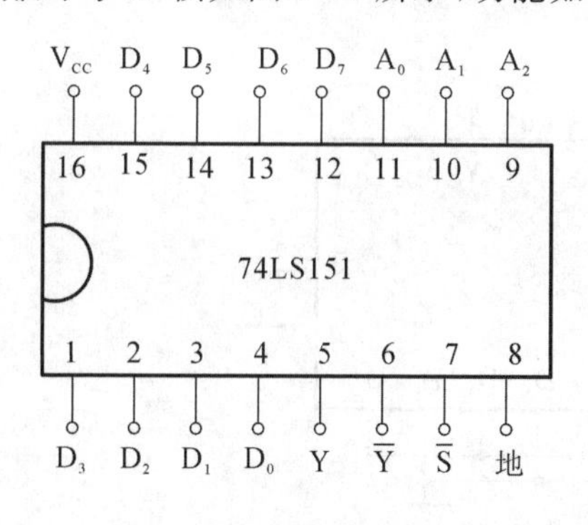


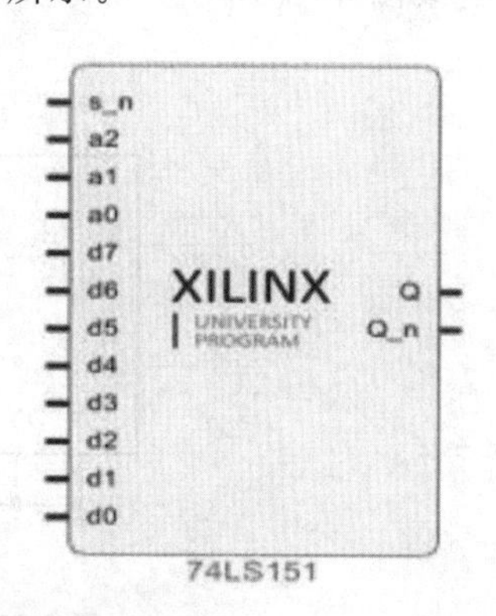


**图3-37　74LS151引脚排列图与IP核示意图**

**表3-5　74LS151功能表**

| 输入 | | | | 输出 | |
|---|---|---|---|---|---|
| $\overline{S}$ | $A_2$ | $A_1$ | $A_0$ | Y | $\overline{Y}$ |
| 1 | × | × | × | 0 | 1 |
| 0 | 0 | 0 | 0 | $D_0$ | $\overline{D}0$ |
| 0 | 0 | 0 | 1 | $D_1$ | $\overline{D}1$ |
| 0 | 0 | 1 | 0 | $D_2$ | $\overline{D}2$ |
| 0 | 0 | 1 | 1 | $D_3$ | $\overline{D}3$ |
| 0 | 1 | 0 | 0 | $D_4$ | $\overline{D}4$ |
| 0 | 1 | 0 | 1 | $D_5$ | $\overline{D}5$ |
| 0 | 1 | 1 | 0 | $D_6$ | $\overline{D}6$ |
| 0 | 1 | 1 | 1 | $D_7$ | $\overline{D}7$ |

选择控制端(地址端)为$A_2$～$A_0$，按二进制译码，从8个输入数据$D_0$～$D_7$中选择一个需要的数据，送到输出端Y，$\overline{S}$为使能端，低电平有效。

① 使能端$\overline{S}=1$时，不论$A_2$～$A_0$状态如何，均无输出($Y=0,\overline{Y}=1$)，多路开关被禁止。

② 使能端$\overline{S}=0$时，多路开关正常工作，根据地址码$A_2$、$A_1$、$A_0$的状态选择$D_0$～$D_7$中某一个通道的数据输送到输出端Y。

如：$A_2A_1A_0=000$，则选择$D_0$数据到输出端，即$Y=D_0$。

如：$A_2A_1A_0=001$，则选择$D_1$数据到输出端，即$Y=D_1$，其余类推。

**应用举例**　试用8选1电路74LS151实现$F=\overline{A}\overline{B}\overline{C}+\overline{A}BC+A\overline{B}C+ABC$。

将A、B、C分别从$A_2$、$A_1$、$A_0$输入，作为输入变量，把Y端作为输出F。因为逻辑表达式中的各乘积项均为最小项，所以可以改写为

$$F(A,B,C) = m_0 + m_3 + m_5 + m_7$$

对比8选1选择器的表达式

$$Y(A_2,A_1,A_0)=(m_0D_0+m_1D_1+m_2D_2+m_3D_3+m_4D_4+m_5D_5+m_6D_6+m_7D_7)$$

$$D_0=D_3=D_5=D_7=1$$

$$D_1=D_2=D_4=D_6=0,\overline{S}=0$$

选择器连线图如图 3-38 所示。

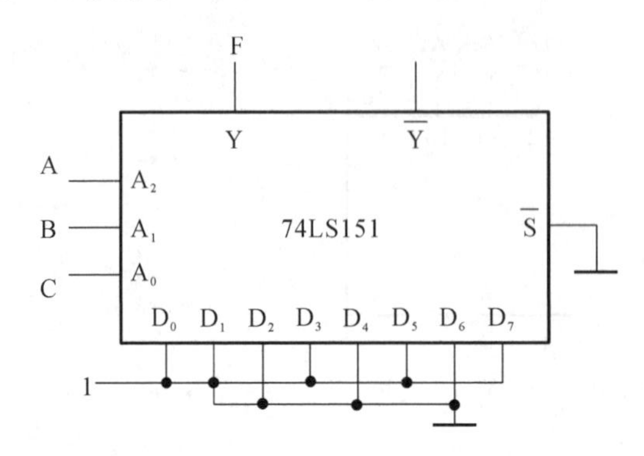


图 3-38　8 选 1 选择器连线图

**2. 组合电路的设计**

使用中、小规模集成电路来设计组合电路是最常见的方法。设计组合电路的一般步骤如图 3-39 所示。

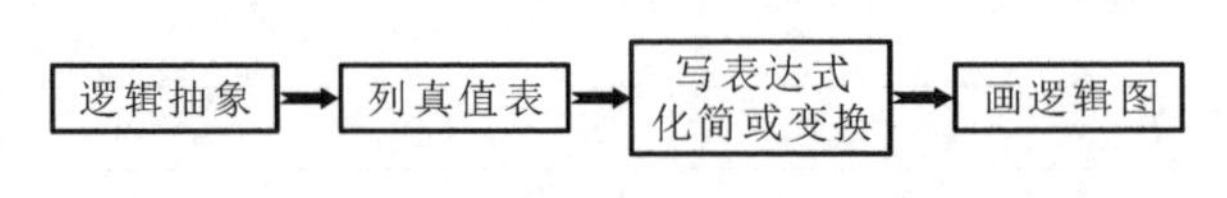


图 3-39　组合电路设计流程图

根据设计任务的要求建立输入、输出变量，并列出真值表。然后用逻辑代数或卡诺图化简法求出简化的逻辑表达式，并按实际选用逻辑门的类型修改逻辑表达式。根据简化后的逻辑表达式，画出逻辑图，用标准器件构成逻辑电路。最后，用实验来验证设计的正确性。

**3. 三变量表决电路的设计**

用与非门 74LS00 和 74LS20 设计一个三变量的表决电路，输出信号电平与三个输入信号中的多数电平一致。

设计步骤：根据题意列出真值表，如表 3-6 所示。

表 3-6　真值表与卡诺图表

| A | B | C | L |
|---|---|---|---|
| 0 | 0 | 0 | 0 |
| 0 | 0 | 1 | 0 |
| 0 | 1 | 0 | 0 |
| 0 | 1 | 1 | 1 |
| 1 | 0 | 0 | 0 |
| 1 | 0 | 1 | 1 |
| 1 | 1 | 0 | 1 |
| 1 | 1 | 1 | 1 |

| BC \ A | 0 | 1 |
|---|---|---|
| 00 | 0 | 0 |
| 01 | 0 | 1 |
| 11 | 1 | 1 |
| 10 | 0 | 1 |

由卡诺图得出逻辑表达式，并演化成“与非”形式的逻辑表达式：

$$L = AB + BC + AC = \overline{\overline{AB} \cdot \overline{BC} \cdot \overline{AC}}$$

根据逻辑表达式画出用与非门构成的表决电路的逻辑图，如图 3-40 所示。

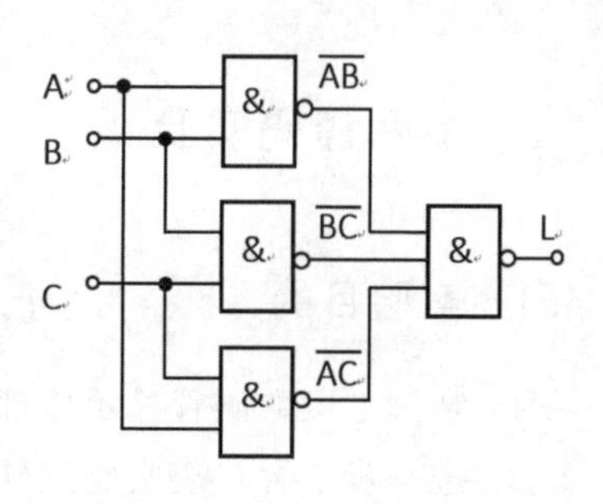


图 3-40 表决电路逻辑图

### 3.3.3 实验步骤

(1) 在 Vivado 上建立工程，指定器件，工程名为 biaojueqi。

(2) 创建原理图文件，将本工程需要的 IP 目录文件夹复制到本工程文件夹下。所需 IP 文件：74LS00、74LS20、74LS151、74LS138 的 IP 文件。

(3) 调用 IP 核对原理图进行设计输出，打包并且添加管脚约束，管脚分配如表 3-7 所示，然后综合，实现，生成比特流，下载到实验板，观察实验结果。

表 3-7 三变量表决电路管脚分配表

| 程序中管脚名 | 实际管脚 FPGA I/O PIN | 说　明 |
| --- | --- | --- |
| A | $P_5$ | 拨码开关 $SW_0$ |
| B | $P_4$ | 拨码开关 $SW_1$ |
| C | $P_3$ | 拨码开关 $SW_2$ |
| L | $F_6$ | LED 灯 |

(4) 用口袋实验室板卡验证逻辑功能，输入端 A、B、C 接至逻辑开关输出插口，输出端 L 接 LED 灯，按真值表(自拟)要求，逐次改变输入变量，测量相应的输出值，验证逻辑功能，与表 3-7 进行比较，验证所设计的逻辑电路是否符合要求。

### 3.3.4 实验内容

要求按所述的设计步骤进行，直到测试电路逻辑功能符合设计要求为止。

(1) 设计用与非门 74LS00 与 74LS20 组成的三变量的表决电路。当三个输入端中有两个或三个为“1”时，输出端才为“1”。

(2) 设计用 3-8 译码器 74LS138 与 74LS20 组成的三变量的表决电路。当三个输入端中有两个或三个为“1”时，输出端才为“1”。

(3) 设计用 8 选 1 数据选择器 74LS151 实现三变量的表决电路。当三个输入端中有两个或三个为“1”时，输出端才为“1”。

**思考**

结合传统的集成芯片闲置输入端的处理方法，思考实验中 IP 核闲置输入端的处理方法。

(1) 悬空，相当于正逻辑“1”，对于一般小规模集成电路的数据输入端，实验时允许悬空处理。但这种方法易受外界干扰，导致电路的逻辑功能不正常。因此，对于接有长线的输入端，中规模以上的集成电路和使用集成电路较多的复杂电路，所有控制输入端必须按逻辑要求接入电路，不允许悬空。

(2) 直接接电源电压 $V_{CC}$(也可以串入一只 1～10 kΩ 的固定电阻)或接至某一具有固定电压($+2.4$ V$\leqslant V \leqslant$4.5 V)的电源上，或与输入端为接地的多余与非门的输出端相接。

## 3.4 显示译码实验

### 3.4.1 实验目的

(1) 掌握七段数码管显示原理及 74LS48 BCD 七段译码器 IP 核的使用方法。

(2) 进一步学会口袋实验室软硬件的使用方法,初步理解 FPGA 开发流程。

### 3.4.2 实验原理

说到数码管显示,采取直接驱动方式这种方案时,驱动一个数码管需要七个电平信号。这个方案理论上是可行的,但是如果系统用来显示结果的数码管较多,应考虑数字系统输出信号占用 PLD 芯片管脚的问题,因为 PLD 芯片的管脚总数是有限的。所以实际使用时系统一般采用 BCD 码驱动方式。

**1. 74LS48 IP 核功能说明**

(1) 七段发光二极管(LED)数码管工作原理。

LED 数码管是目前最常用的数字显示器。板卡提供八个共阴极数码管,即公共极输入低电平,高电平驱动,图 3-41 所示为 LED 数码管。

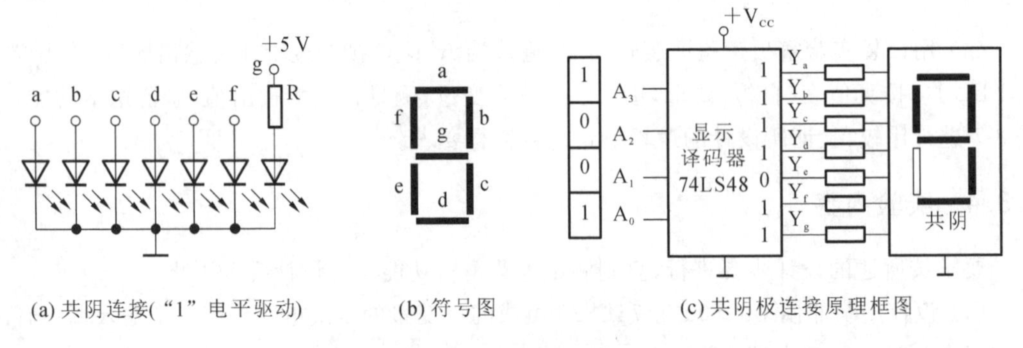


(a) 共阴连接("1"电平驱动)　(b) 符号图　(c) 共阴极连接原理框图

**图 3-41 LED 数码管**

一个 LED 数码管可用来显示一位 0~9 十进制数和一个小数点。小型数码管(0.5 英寸(1 英寸=2.54 厘米)和 0.36 英寸)每段发光二极管的正向压降,随显示光(板卡为红色)的颜色不同略有差别,通常为 2~2.5 V,每个发光二极管的点亮电流在 5~10 mA。LED 数码管要显示 BCD 码所表示的十进制数字就需要有一个专门的译码器。该译码器不但要完成译码功能,还要有相当的驱动能力。

(2) BCD 码七段译码驱动器。

此类译码器型号有 74LS47(共阳)、74LS48(共阴)、CC4511(共阴)等。本实验采用的是 74LS48 BCD 码七段译码驱动共阴极 LED 数码管。

其引脚排列及 IP 核示意图如图 3-42 所示。

① A、B、C、D——BCD 码输入端。

② a、b、c、d、e、f、g ——译码输出端,输出"1"有效,用来驱动共阴极 LED 数码管。

③$\overline{LT}$——测试输入端,$\overline{LT}$="0"时,译码输出全为"1"。

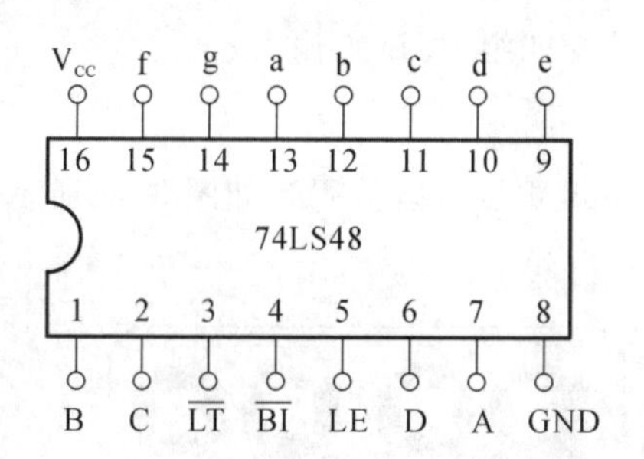


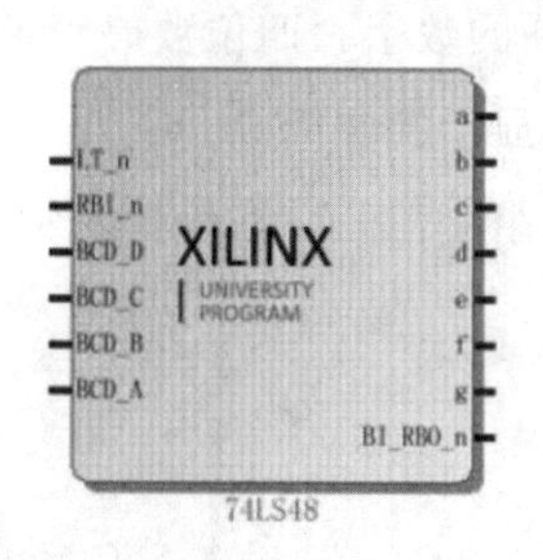


**图 3-42　引脚排列图与 IP 核示意图**

④$\overline{BI}$——消隐输入端，$\overline{BI}$=“0”时，译码输出全为“0”。

⑤LE——锁定端，LE=“1”时译码器处于锁定（保持）状态，译码输出保持在 LE=0 时的数值，LE=0 为正常译码。

74LS48 的功能如表 3-8 所示。

**表 3-8　74LS48 功能表**

| 输入 | | | | | | | 输出 | | | | | | | |
|---|---|---|---|---|---|---|---|---|---|---|---|---|---|---|
| LE | $\overline{BI}$ | $\overline{LT}$ | D | C | B | A | a | b | c | d | e | f | g | 显示字形 |
| × | × | 0 | × | × | × | × | 1 | 1 | 1 | 1 | 1 | 1 | 1 | 8 |
| × | 0 | 1 | × | × | × | × | 0 | 0 | 0 | 0 | 0 | 0 | 0 | 消隐 |
| 0 | 1 | 1 | 0 | 0 | 0 | 0 | 1 | 1 | 1 | 1 | 1 | 1 | 0 | 0 |
| 0 | 1 | 1 | 0 | 0 | 0 | 1 | 0 | 1 | 1 | 0 | 0 | 0 | 0 | 1 |
| 0 | 1 | 1 | 0 | 0 | 1 | 0 | 1 | 1 | 0 | 1 | 1 | 0 | 1 | 2 |
| 0 | 1 | 1 | 0 | 0 | 1 | 1 | 1 | 1 | 1 | 1 | 0 | 0 | 1 | 3 |
| 0 | 1 | 1 | 0 | 1 | 0 | 0 | 0 | 1 | 1 | 0 | 0 | 1 | 1 | 4 |
| 0 | 1 | 1 | 0 | 1 | 0 | 1 | 1 | 0 | 1 | 1 | 0 | 1 | 1 | 5 |
| 0 | 1 | 1 | 0 | 1 | 1 | 0 | 0 | 0 | 1 | 1 | 1 | 1 | 1 | 6 |
| 0 | 1 | 1 | 0 | 1 | 1 | 1 | 1 | 1 | 1 | 0 | 0 | 0 | 0 | 7 |
| 0 | 1 | 1 | 1 | 0 | 0 | 0 | 1 | 1 | 1 | 1 | 1 | 1 | 1 | 8 |
| 0 | 1 | 1 | 1 | 0 | 0 | 1 | 1 | 1 | 1 | 0 | 0 | 1 | 1 | 9 |
| 0 | 1 | 1 | 1 | 0 | 1 | 0 | 0 | 0 | 0 | 0 | 0 | 0 | 0 | 消隐 |
| 0 | 1 | 1 | 1 | 0 | 1 | 1 | 0 | 0 | 0 | 0 | 0 | 0 | 0 | 消隐 |

实验时，供下载的开发板数码管为共阴极数码管，即公共极输入低电平。共阴极由三极管驱动，FPGA 需要提供正向信号将十进制数的 BCD 码接至译码器的相应输入端 A、B、C、

D 即可显示 0～9 的数字。四位数码管可接受四组 BCD 码输入。

**2. 硬件板卡显示模块简介**

板卡上有 2 组 4 位七段数码管显示，单组 4 位七段数码管如图 3-43 所示。

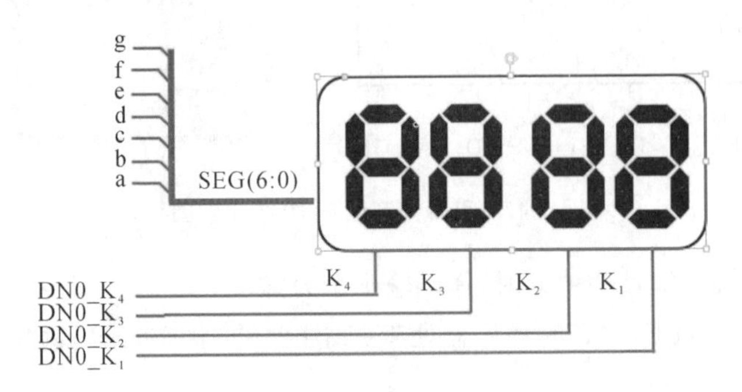


**图 3-43　单组 4 位七段数码管连接图**

$DN0\_K_1$～$DN0\_K_4$ 是位选，用来选择让哪个数码管点亮，$A_0$～$G_0$ 是段选（共阴极，高电平点亮），通过送字形码来决定显示什么数字。因此，FPGA 输出有效的片选信号和段选信号都应该是高电平。

### 3.4.3　实验步骤

（1）创建工程，工程名为 display。

（2）创建原理图文件，将本工程需要的 IP 目录文件夹复制到本工程文件夹下。所需 IP 文件：74LS48 的 IP 文件。读懂设计原理，进行原理图设计。分配管脚如表 3-9 所示，下载之。

**表 3-9　显示译码管脚分配表**

| 程序中管脚名 | 实际管脚 FPGA I/O PIN | 说　明 |
|---|---|---|
| LT_n | $P_5$ | 拨码开关 $SW_0$ |
| BRI_n | $P_4$ | 拨码开关 $SW_1$ |
| A | $P_2$ | 拨码开关 $SW_3$ |
| BRI_n | $P_3$ | 拨码开关 $SW_2$ |
| B | $R_2$ | 拨码开关 $SW_4$ |
| C | $M_4$ | 拨码开关 $SW_5$ |
| D | $N_4$ | 拨码开关 $SW_6$ |
| $DN0\_K_1$ | $G_2$ | 位选信号 $DN0\_K_1$ 高电平有效 |
| $DN0\_K_2$ | $C_2$ | 位选信号 $DN0\_K_2$ 高电平有效 |
| $DN0\_K_3$ | $C_1$ | 位选信号 $DN0\_K_3$ 高电平有效 |
| $DN0\_K_4$ | $H_1$ | 位选信号 $DN0\_K_4$ 高电平有效 |
| a | $B_4$ | 0 组数码管 $A_0$ 高电平有效 |
| b | $A_4$ | 0 组数码管 $B_0$ 高电平有效 |
| c | $A_3$ | 0 组数码管 $C_0$ 高电平有效 |
| d | $B_1$ | 0 组数码管 $D_0$ 高电平有效 |
| e | $A_1$ | 0 组数码管 $E_0$ 高电平有效 |
| f | $B_3$ | 0 组数码管 $F_0$ 高电平有效 |
| g | $B_2$ | 0 组数码管 $G_0$ 高电平有效 |

### 3.4.4 实验内容

要求按前文所述的设计步骤进行，直到板卡显示符合设计要求为止。

(1) 用拨码开关实现单个数码管显示1、2、3、4、5、6、7、8。

(2) 用拨码开关实现四个数码管扫描显示1、1、1、1。

**思考**

(1) 四个数码管可否同时显示？

(2) 如何设置拨码开关才能实现显示自己的学号后四位？

## 3.5 触发器实现四路竞赛抢答器

### 3.5.1 实验目的

(1) 学习并掌握D触发器的工作原理。

(2) 学习并掌握抢答器的工作原理及其设计方法。

(3) 灵活运用学过的知识综合设计，提高学生的动手能力和设计能力。

### 3.5.2 实验原理

**1. 边沿触发型D触发器**

(1) D触发器简介。

D触发器是一个具有记忆功能的二进制信息存储器件，是构成多种时序电路的最基本逻辑单元。D触发器具有两个稳定状态，即“0”和“1”，在一定的外界信号作用下，可以从一个稳定状态翻转到另一个稳定状态。

D触发器的状态方程为：$Q^{n+1}=D$。其状态的更新发生在CP脉冲的边沿，触发器的状态只取决于时钟到来时D端的状态。D触发器应用很广，可用作数字信号的寄存、移位寄存器。

(2) 边沿触发型D触发器波形图与逻辑符号如图3-44所示。

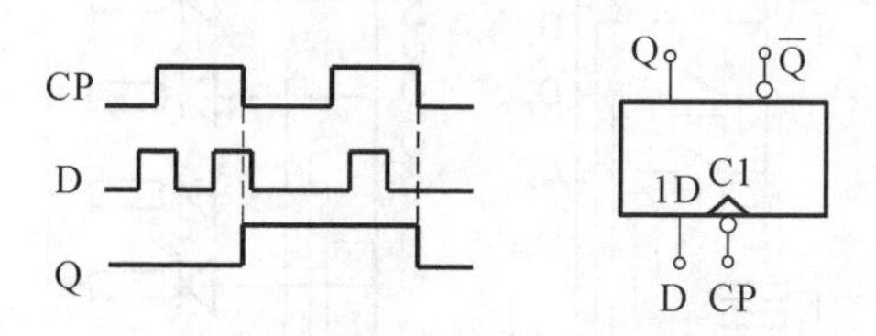


**图3-44 D触发器波形图与逻辑符号图**

**2. 74LS00、74LS20、74LS175 IP核功能说明**

(1) 74LS00，2输入四与非门；74LS20，4输入双与非门，如图3-45所示。详见第3.3节三变量表决电路实验，此处不再赘述。

(2) 74LS175，集成4D触发器。

74LS175内部包含了四个D触发器，时钟CP上升沿触发，RST低电平时异步清零，引脚排列图与IP核如图3-46所示。

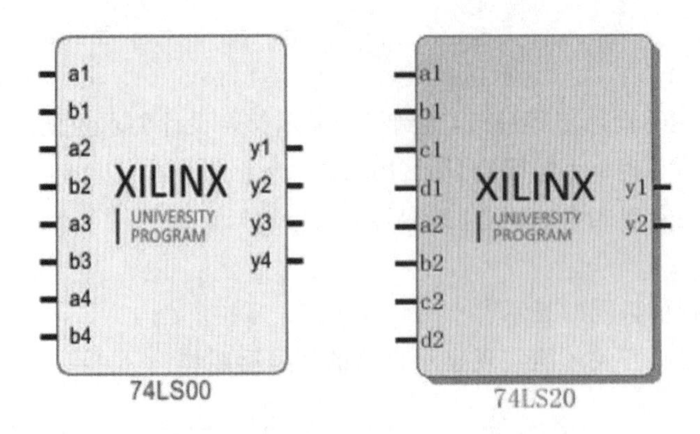


图 3-45　74LS00、74LS20 IP 核示意图

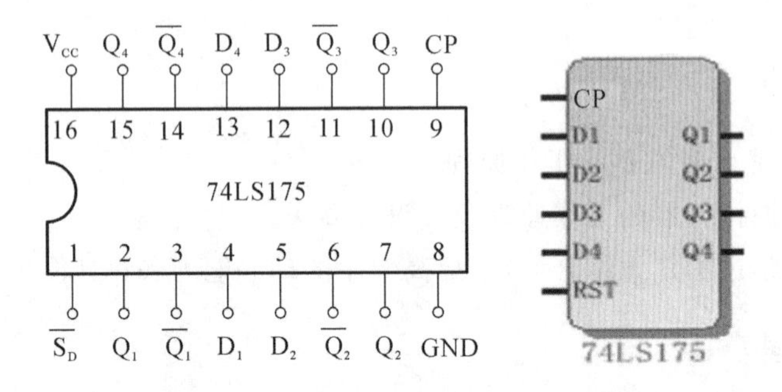


图 3-46　引脚排列图与 IP 核示意图

**3. 四路竞赛抢答器原理简介**

传统四路竞赛抢答器如图 3-47 所示。其电路的核心是 74LS175 及异步清零的 4D 触发器。四人参加比赛，参赛选手每人一个按钮，主持人控制清零/开始按键。赛前主持人先清零，$Q_1$、$Q_2$、$Q_3$、$Q_4$ 输出为零，LED 数码管指示灯均不亮。$G_1$ 门输出为 CP 的非，时钟脉冲可以自由地进入 74LS175。参赛选手中最先按下按钮者，相应的指示灯亮。$G_1$ 门被锁死，CP 无法进入芯片，其他人再按按钮不起作用。

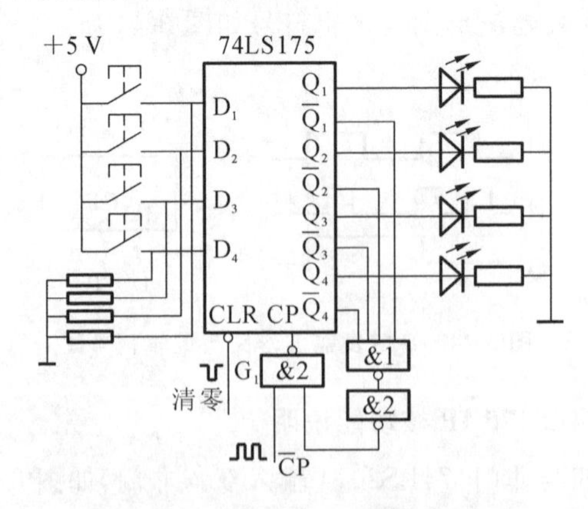


图 3-47　传统四路竞赛抢答器电路图

## 3.5.3　实验步骤

(1) 创建工程，工程名为 QDQ。

（2）创建原理图文件，将本工程需要的IP目录文件夹复制到本工程文件夹下。所需IP文件：74LS00、74LS20、74LS48、74LS175的IP文件。读懂设计原理，进行原理图设计。按表3-10所示分配管脚，下载之。

**表3-10 四路竞赛抢答器管脚分配表**

| 程序中管脚名 | 实际管脚 FPGA I/O PIN | 说　明 |
| --- | --- | --- |
| $D_1$ | $P_5$ | 拨码开关 $SW_0$ |
| $D_2$ | $P_4$ | 拨码开关 $SW_1$ |
| $D_3$ | $P_3$ | 拨码开关 $SW_2$ |
| $D_4$ | $P_2$ | 拨码开关 $SW_3$ |
| RST | $P_{15}$ | 复位按键，按下时输出低电平 |
| CLK | $P_{17}$ | 系统时钟引脚 100 MHz |
| $D_0$ | $F_6$ | LED灯0在FPGA输出高电平时被点亮 |
| $D_1$ | $G_4$ | LED灯1在FPGA输出高电平时被点亮 |
| $D_2$ | $G_3$ | LED灯2在FPGA输出高电平时被点亮 |
| $D_3$ | $J_4$ | LED灯3在FPGA输出高电平时被点亮 |

### 3.5.4 实验内容

（1）设计一台四路竞赛抢答器。

（2）设计要求。

抢答器的基本功能如下。

① 设计一个可以容纳4名选手或4个代表队比赛的抢答器。

② 设置一个系统清除开关，该开关由主持人控制。

③ 先做出判断的参赛者立即按下开关，对应的发光二极管点亮，同时，不再接受其他信号，直到主持人再次清除信号为止。

**思考**

（1）如果抢答成功，想增强显示的直观性，即直接显示抢答组号，可以将指示灯换成LED数码管，如何设计？

（2）如果参赛队伍扩充到8个代表队，可否增加编码器，在原电路上稍做修改实现？

## 3.6 计数器实验

### 3.6.1 实验目的

（1）掌握计数器原理。

（2）学习使用74LS90十进制计数器IP核构成计数器的方法。

（3）掌握分频器原理。运用集成计数器构成1/N分频器。

### 3.6.2 实验原理

**1. 计数器原理**

计数器是一个用于实现计数功能的时序部件，它不仅可用来计脉冲数，还常用作数字系统的定时、分频和执行数字运算以及其他特定的逻辑功能。

计数器在数字系统中应用广泛，如在电子计算机的控制器中对指令地址进行计数，以便按顺序取出下一条指令，又如在运算器中作乘法、除法运算时记下加法、减法次数，再如在数字仪器中对脉冲计数等。

计数器种类很多。按构成计数器中的各触发器是否使用一个时钟脉冲源，计数器可分为同步计数器和异步计数器。根据计数制的不同，分为二进制计数器、十进制计数器和 N 进制计数器等。根据计数的增减趋势，又分为加法计数器、减法计数器和可逆计数器。还有可预置数计数器和可编程序功能计数器等。其最基本的分类，如图 3-48 所示。

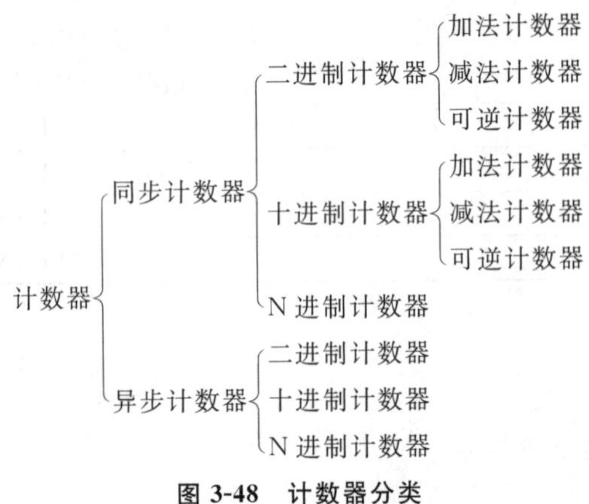


**图 3-48　计数器分类**

目前，无论是 TTL 还是 CMOS 集成电路，都有品种较齐全的中规模集成计数器。使用者只要借助于器件手册提供的功能表和工作波形图以及引出端的排列图，就能正确地运用这些器件。

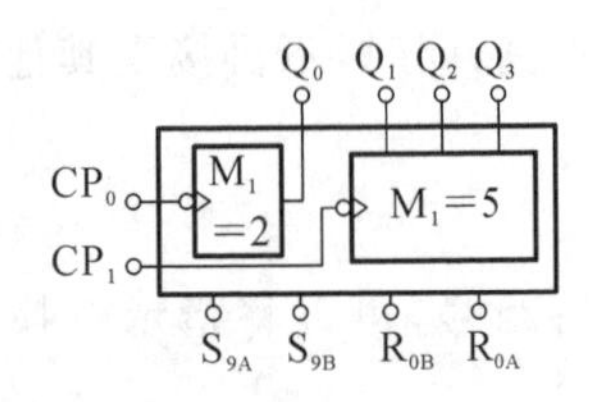


**图 3-49　74LS90 简化结构框图**

**2. 74LS90 IP 核功能说明**

74LS90 是异步计数器，其简化结构框图如图 3-49 所示，图 3-50 是其引脚排列与 IP 核示意图。它包含两个独立的下降沿触发的计数器，即模 2（二进制）和模 5（五进制）计数器；异步清 0 端 $R_{0A}$、$R_{0B}$ 和异步置 9 端 $S_{9A}$、$S_{9B}$，均为高电平有效，采用这种结构可以增加使用的灵活性。

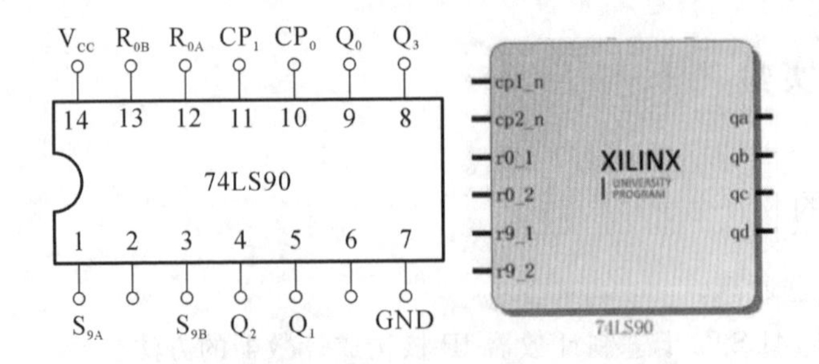


**图 3-50　74LS90 引脚排列图与 IP 核示意图**

74LS90 的功能如表 3-11 所示。从表中可以看出，当 $R_{0A} \cdot R_{0B}=1$，$S_{9A} \cdot S_{9B}=0$ 时，无论时钟如何，输出全部清 0；而当 $S_{9A} \cdot S_{9B}=1$ 时，无论时钟和清 0 信号 $R_{0A}$、$R_{0B}$ 如何，输出就置 9。这说明清 0、置 9 都是异步操作，而且置 9 是优先的，所以称 $R_{01}$、$R_{02}$ 为异步清 0 端，$S_{9A}$、$S_{9B}$ 为异步置 9 端。

表 3-11　74LS90 功能表

| 输入 | | | 输出 | | | | 注 |
|---|---|---|---|---|---|---|---|
| 清 0 | 置 9 | 时钟 | 计数器状态 | | | | 工作模式 |
| $R_{0A}\cdot R_{0B}$ | $S_{9A}\cdot S_{9B}$ | CP | $Q_0^{n+1}$ | $Q_1^{n+1}$ | $Q_2^{n+1}$ | $Q_3^{n+1}$ | |
| 1 | 0 | × | 0 | 0 | 0 | 0 | 异步清 0 |
| × | 1 | × | 1 | 0 | 0 | 1 | 异步置数(置 9) |
| 0 | 0 | ↓ | 计　数 | | | | $CP_0=CP, CP_1=Q_0$ |

当满足 $R_{0A}\cdot R_{0B}=0$、$S_{9A}\cdot S_{9B}=0$ 时电路才能执行计数操作，根据 $CP_0$、$CP_1$ 的各种接法可以实现不同的计数功能。实现十进制计数有两种接法，如图 3-51 所示。图 3-51(a)是 8421 BCD 码接法，先模 2 计数，后模 5 计数，由 $Q_3$、$Q_2$、$Q_1$、$Q_0$ 输出 8421 BCD 码，最高位 $Q_3$ 作进位输出。图 3-51 (b)是 5421 BCD 码接法，先模 5 计数，后模 2 计数，由 $Q_0$、$Q_3$、$Q_2$、$Q_1$ 输出 5421 BCD 码，最高位 $Q_0$ 作进位输出，波形对称。

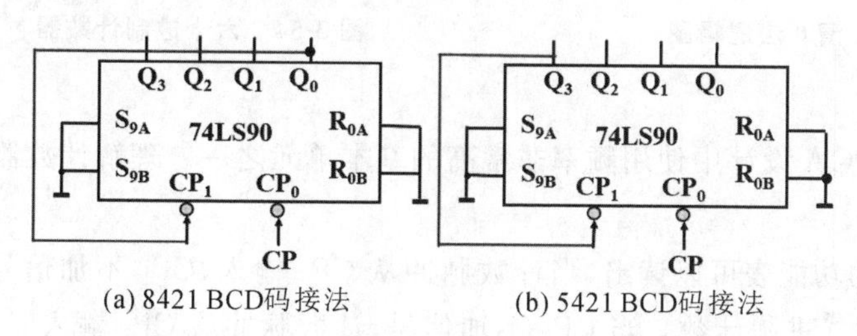


图 3-51　74LS90 构成十进制计数器的两种接法

### 3. 计数器的级联使用

一个十进制计数器只能表示 0～9 十个数，为了扩大计数范围，常多个十进制计数器级联使用。

同步计数器往往设有进位(或借位)输出端，故可选用其进位(或借位)输出信号驱动下一级计数器。异步计数器一般没有专门的进位信号输出端。实现的方法是，可选用本级的高位输出信号作为下一级计数器的 CP 端。级联电路如图 3-52 所示，此图为一百进制计数器的级联电路。

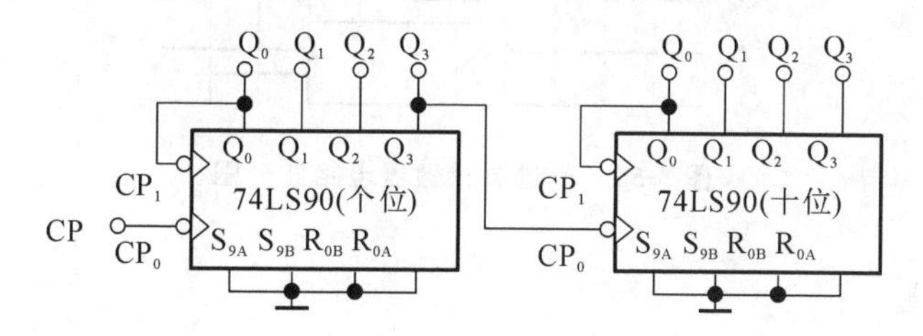


图 3-52　一百进制级联电路

### 4. 实现任意进制计数

假定已有 N 进制计数器，而需要得到一个 M 进制计数器时，只要 M<N，用复位法使计数器计数到 M－1 或 M 时置 0，即获得 M 进制计数器。

(1) 用复位法获得六进制计数器。

如图 3-53 所示为一个由 74LS90 十进制计数器接成的六进制计数器。计数器输出 $Q_3$、$Q_2$、$Q_1$、$Q_0$ 的有效状态为 0000～0101,计到 0110 时异步清 0,清零端逻辑方程为

$$R_{0A}R_{0B}=Q_2Q_0$$

(2) 级联实现六十进制计数器。

因一片 74LS90 最大计数值为 10,故实现六十进制计数器必须用两片 74LS90。先将两片 74LS90 用 8421BCD 码接法构成一百进制计数器,然后用反馈归零法构成六十进制计数器。逻辑电路如图 3-54 所示。

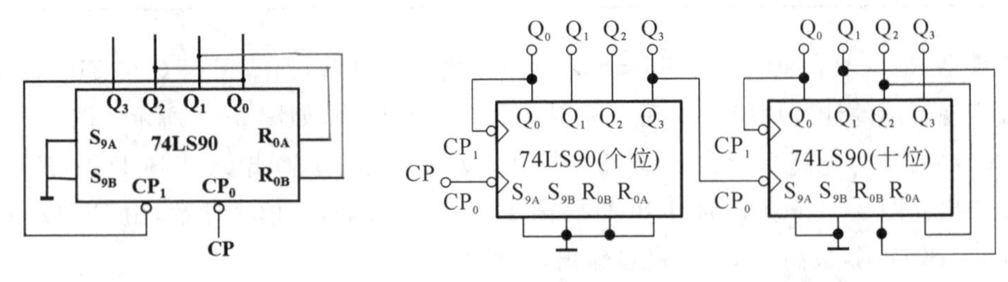


图 3-53 清 0 法逻辑图　　图 3-54 六十进制计数器

**5. 分频器**

分频器是 FPGA 设计中使用频率非常高的基本单元之一。理解计数器实现分频器的原理非常重要。

由 74LS90 的功能表可以读出,当计数脉冲从 $CP_0$ 输入,$CP_1$ 不加信号时,$Q_0$ 端输出 2 分频信号,即实现二进制计数。当 $CP_0$ 不加信号,计数脉冲从 $CP_1$ 输入时,$Q_3$、$Q_2$、$Q_1$ 实现五进制计数。图 3-51 (a)是 74LS90 构成 8421 BCD 码接法构成十进制计数器的接法。波形图如图 3-55 所示。分析波形图,很容易看出 $Q_0$ 输出的波形的频率是 CP 的 1/2,$Q_1$ 输出的波形的频率是 CP 的 1/4,$Q_2$ 输出的波形的频率是 CP 的 1/8,$Q_3$ 输出的波形的频率是 CP 的 1/10。那么 $Q_0$、$Q_1$、$Q_2$、$Q_3$ 就可以作为原频率 CP 的 2 分频、4 分频、8 分频、10 分频输出,这样的电路就叫分频器。

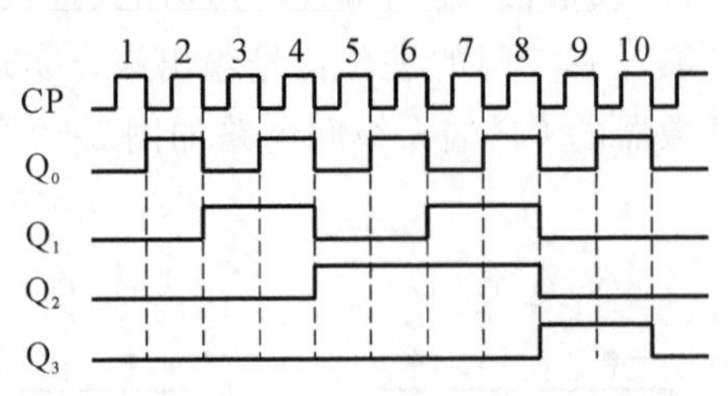


图 3-55 十进制计数器电路波形图

## 3.6.3 实验步骤

(1) 创建工程,工程名为 counter_60。

(2) 创建原理图文件,将本工程需要的 IP 目录文件夹复制到本工程文件夹下。所需 IP 文件:74LS90 的 IP 文件。读懂图 3-56 所示六十进制计数器原理框图,调用 IP 核,连线生成原理图如图 3-56 所示。

(3) 保存,点击 source 窗口的 project,右键选择 Generate Output Products。生成相关

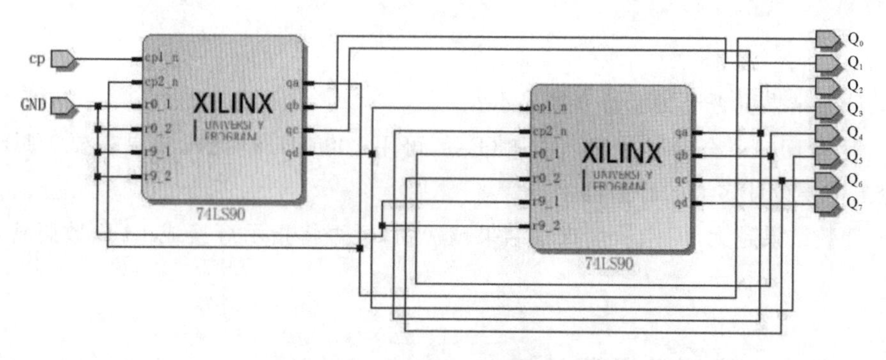


图 3-56　六十进制计数器原理图

IP 的网表。分配管脚，管脚分配表如表 3-12 所示，下载之。

表 3-12　六十进制计数器管脚分配表

| 程序中管脚名 | 实际管脚 FPGA I/O PIN | 说　明 |
|---|---|---|
| GND | $P_5$ | 拨码开关 $SW_0$ |
| CP | $P_{17}$ | 系统时钟引脚 100 MHz |
| $Q_0$ | $B_{16}$ | I/O 扩展 2×18 标号 1 |
| $Q_1$ | $B_{17}$ | I/O 扩展 2×18 标号 2 |
| $Q_2$ | $A_{15}$ | I/O 扩展 2×18 标号 3 |
| $Q_3$ | $A_{16}$ | I/O 扩展 2×18 标号 4 |
| $Q_4$ | $A_{13}$ | I/O 扩展 2×18 标号 5 |
| $Q_5$ | $A_{14}$ | I/O 扩展 2×18 标号 6 |
| $Q_6$ | $B_{18}$ | I/O 扩展 2×18 标号 7 |
| $Q_7$ | $A_{18}$ | I/O 扩展 2×18 标号 8 |

### 3.6.4　实验内容

时序逻辑电路不像组合逻辑电路那样可以通过有限的 LED 灯、七段码来指示实验结果，从而验证硬件描述语言的正确性。因此对于一些快速的信号时序检查，我们需要借助其他仪器设备，如信号发生器、示波器等来进行设计验证。要求按所述的设计步骤进行，直到板卡显示符合设计要求为止。

(1) 用 74LS90 十进制计数器 IP 核构成 4 位十进制异步加法计数器，用复位法获得八进制计数器。运用示波器观察 $Q_3$ 输出波形，与板卡板载频率比较，看是否得到的是八进制计数器。

(2) 参照图 3-54 所示，用两片 74LS90 组成两位十进制加法计数器，修改电路，设计六十进制计数器。运用示波器观察 $Q_7$(十位片的 $Q_3$)的输出波形，与板卡板载频率比较，看是否得到的是六十进制计数器。

(3) 运用示波器分八次观察两片 74LS90 构成的六十进制计数器 8 位输出 $Q_0$～$Q_7$，理解分别构成的 1/N 分频器，N 分别为多少。一般示波器只有两个通道，所以要一起观察八个信号是不可能的，建议进行如下操作：首先将示波器的两通道的引脚分别接到 $B_{16}$ 和 $P_{17}$，观察 $Q_0$ 是否是 CP 的 2 分频；然后再以 $Q_0$ 为参照，观察和比较 $Q_1$、$Q_2$、$Q_3$ 与 $Q_0$ 的频率、相位关系。

**思考**

(1) 计数结果可否用指示灯直接显示?

(2) 板卡 FPGA 全局时钟输入引脚($P_{17}$) 可用 100 MHz 时钟,如果需要 1 Hz 的秒脉冲,理论上需要设计多大的计数器?

(3) 计数结果越大,用指示灯观察结果越费劲,可否将指示灯换成 LED 数码管,如何更改设计?

## 3.7 4 位十六进制计数器显示

### 3.7.1 实验目的

(1) 掌握七段数码管动态扫描显示原理。

(2) 学习使用非 74 系列 IP 核调用构成系统的方法。

(3) 通过 4 位十六进制计数器显示实验来熟悉 FPGA 整个开发流程。

### 3.7.2 实验原理

上一节实验我们学会了数码管显示、计数器、分频器的原理,这一节通过非 74 系列 IP 核调用综合设计,组成 4 位十六进制计数器显示项目。这些 IP 核也是前人设计封装好,供使用者调用的具有一定功能的电路模块。与 74 系列 IP 核类似,使用者要熟知其功能定义,输入/输出引脚定义,才能自如使用。

**1. 原理框图**

4 位十六进制计数器显示原理框图如图 3-57 所示。在图中,需要说明一点,可以用发光二极管的状态验证设计是否满足要求。但是,在译码器设计时,这种方式是很直观的,但在计数器设计时,这样的验证方式就显得很不直观,尤其当计数器的位数增加时(如百进制计数),太多的发光管将使结果的读出非常困难。

其中,时钟分频模块本质上就是计数器,只要在程序中设置计数器模的大小,调整输出 clk_sys 与输入 clk 的比例,就可以将系统时钟 100 MHz 的频率分频为 10 Hz。

16 位二进制计数模块,是模 $2^{16}$ 的计数器。16 位输出 Q 将会在下一模块由低位到高位拆成 4 组 4 位二进制数据。

扫描显示译码模块要稍微麻烦一点。DN0_$K_1$~DN0_$K_4$ 是位选信号,用来选择让哪个数码管亮,a~g 是段选信号(共阴极,高电平点亮),通过送字形码来决定显示什么数字。因此,FPGA 输出有效的片选信号和段选信号都应该是高电平。

**2. 七段数码管**

开发板的结构是两组八个数码管,所以分两组设置,如图 3-57 所示。数码管为共阴极数码管,即公共极输入低电平。共阴极由三极管驱动,FPGA 需要提供正向信号。同时段选端连接高电平,数码管上的对应位置才可以被点亮。因此,FPGA 输出有效的片选信号和段选信号都应该是高电平。

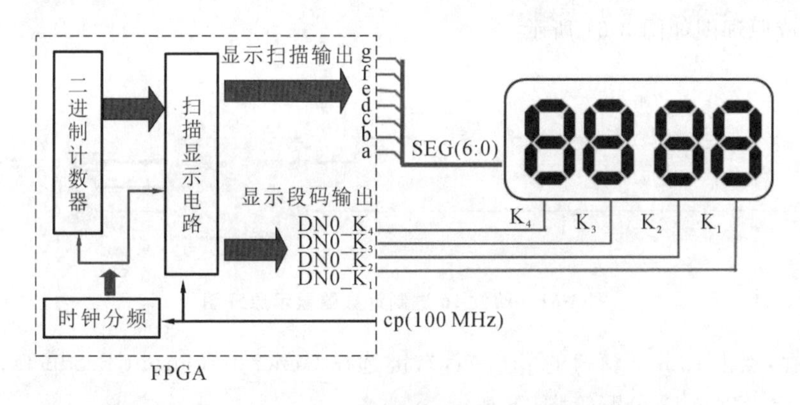


图 3-57　四位 16 进制计数器显示原理框图

**3. IP 核功能说明**

1）二进制计数器

对应于图 3-57 中的计数器模块，其 IP 核示意图如图 3-58 所示。

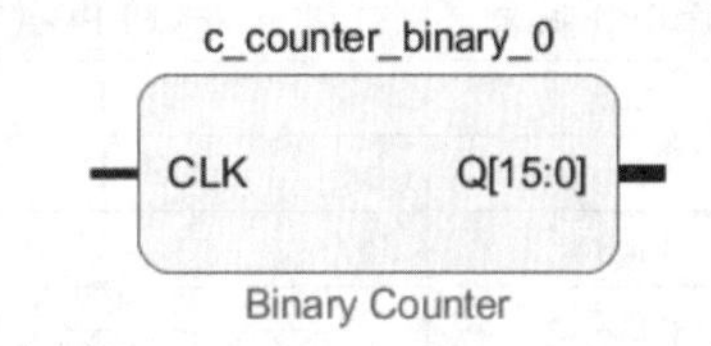


图 3-58　二进制计数器模块 IP 核示意图

2）分频模块

对应于图 3-57 中的时钟分频模块，其 IP 核示意图如图 3-59 所示。其中输入 clk 接入 100 MHz 板载时钟，经过模块内部分频，clk_sys 输出 10 Hz 频率，用于下一级计数器的计数频率。

3）七段译码器

对应于图 3-57 中的扫描显示模块，其 IP 核示意图如图 3-60 所示。板卡上的数码管为共阴极数码管，当某段对应的引脚为高电平时，该段位 LED 点亮。在模块中 x[15：0]会被拆成 4 组 4 位二进制数据分别显示译码，配合 an[3：0]控制四位数码管扫描显示。对于最右侧的四个数码管，每个数码管都有一个片选信号 an[0：3]，共用 a_to _g[6：0]段选信号。数码管依次显示十六进制数 0～F，dp 为小数点信号。本实验需要控制 4 个数码管，X[15：0]表示 4 个数码管的显示内容。

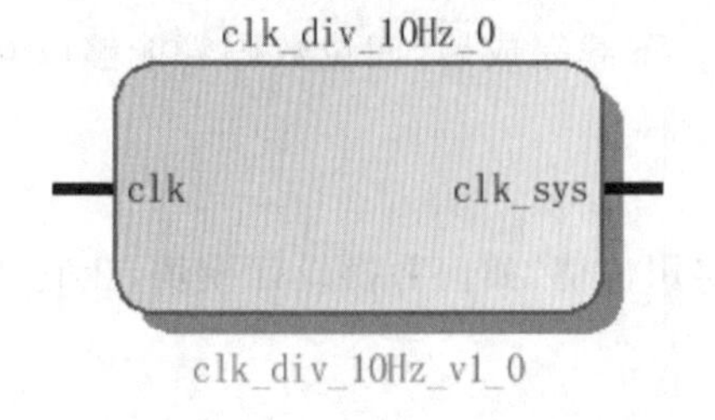


图 3-59　时钟分频模块 IP 核示意图

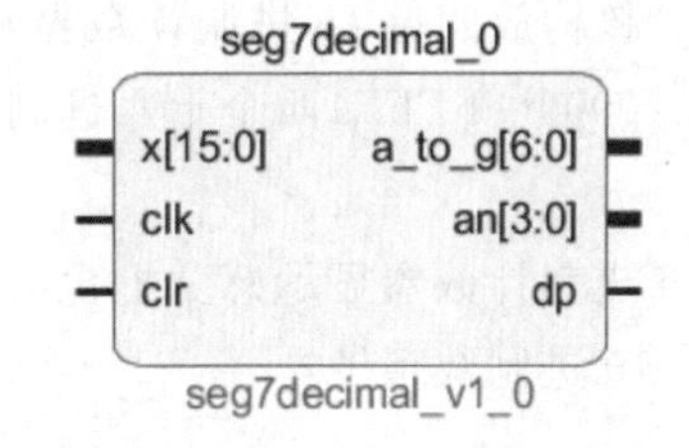


图 3-60　扫描显示模块 IP 核示意图

## 3.7.3　实验步骤

（1）创建工程，工程名为 jishuxianshi。

（2）创建原理图文件，将本工程需要的 IP 目录文件夹复制到本工程文件夹下。所需 IP 文件：c_counter_binary_v12_0、clk_div_10 Hz_userIP、seg7_hex_userIP。读懂图 3-57 所示四位 16 进制计数器显示原理框图，在 IP 选择框中，搜索本实验所需要的 IP。调整界面布局,连线,生成原理图如图 3-61 所示。

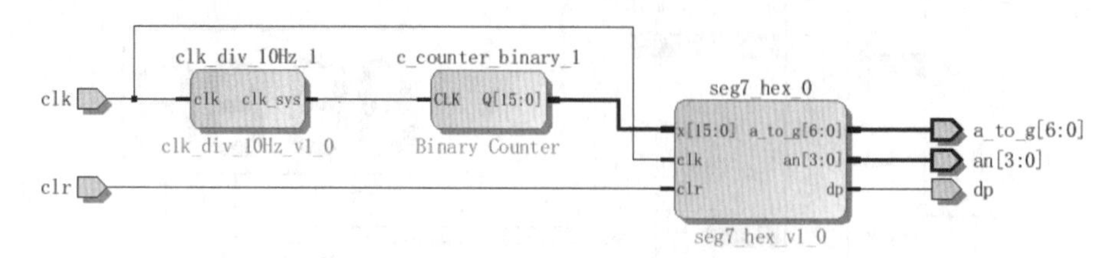


图 3-61　四位 16 进制计数器显示原理图

(3) 保存,点击 source 窗口的 project,右键选择 Generate Output Products。生成相关 IP 的网表。参考表 3-13 分配管脚,下载。

表 3-13　四位十六进制计数器显示管脚分配表

| 程序中管脚名 | 实际管脚 FPGA I/O PIN | 说　明 |
| --- | --- | --- |
| clk | $P_{17}$ | 系统时钟引脚 100 M |
| clr | $P_{15}$ | 复位按键,按下时输出低电平 |
| an[3] | $G_2$ | 位选信号 DN0_$K_1$ 高电平有效 |
| an[2] | $C_2$ | 位选信号 DN0_$K_2$ 高电平有效 |
| an[1] | $C_1$ | 位选信号 DN0_$K_3$ 高电平有效 |
| an[0] | $H_1$ | 位选信号 DN0_$K_4$ 高电平有效 |
| a_to_g[0] | $B_4$ | 0 组数码管 $A_0$ 高电平有效 |
| a_to_g[1] | $A_4$ | 0 组数码管 $B_0$ 高电平有效 |
| a_to_g[2] | $A_3$ | 0 组数码管 $C_0$ 高电平有效 |
| a_to_g[3] | $B_1$ | 0 组数码管 $D_0$ 高电平有效 |
| a_to_g[4] | $A_1$ | 0 组数码管 $E_0$ 高电平有效 |
| a_to_g[5] | $B_3$ | 0 组数码管 $F_0$ 高电平有效 |
| a_to_g[6] | $B_2$ | 0 组数码管 $G_0$ 高电平有效 |
| dp | $D_5$ | 0 组数码管 LED0_DP 高电平有效 |

### 3.7.4　实验内容

调用 IP 核构成四位 16 进制计数器显示电路。下载完成后,四位数码管能够以 0.1 秒的速度显示(0000～FFFF)四个十六进制数字。

**思考**

四位 16 进制计数器显示感觉上没有太大的实用价值,如何替换设计模块,让它变成更实用的四位 10 进制数字钟?

## 3.8　4 位简易数字钟案例

### 3.8.1　实验目的

(1) 掌握数字钟工作原理。

(2) 学习使用自上而下的层次化原理图设计方式。

## 3.8.2 实验原理

上一节实验我们介绍了 4 位十六进制计数器显示项目。这个项目只要稍加修改，将二进制计数器换成十进制计数器，就可以实现分秒的四位简易数字钟。

**1. 原理框图**

原理框图如图 3-62 所示，读者是不是觉得有些似曾相识，但是仔细看看，有一个模块发生了变化。16 位二进制计数模块变成了六十进制计数器模块，这小小的变化就让 4 位十六进制计数器显示电路，变成了我们生活中熟悉的四位简易数字钟。

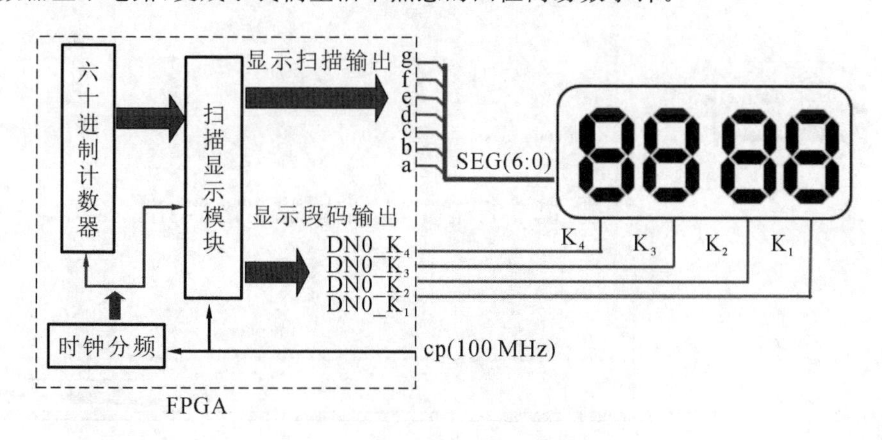


图 3-62 4 位简易数字钟原理框图

**2. IP 核功能说明**

(1) Concat IP 模块如图 3-63 所示，这个模块就像一个转换插头，系统自带，不需要加载 IP 目录。通过双击配置 IP 对应总线宽度，如图 3-64 所示，设置 16 个管脚对应总线，就可以配置成想要的输入与输出宽度。

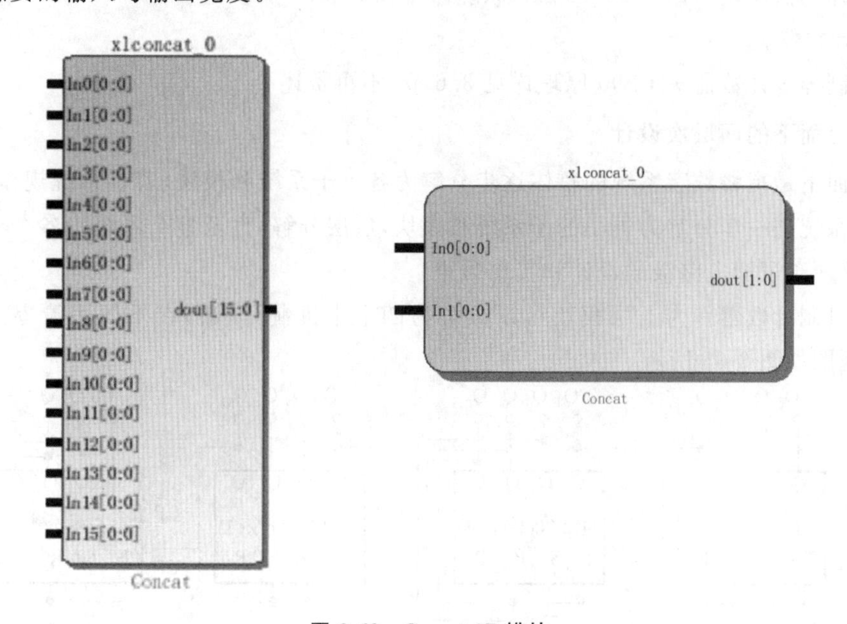


图 3-63 Concat IP 模块

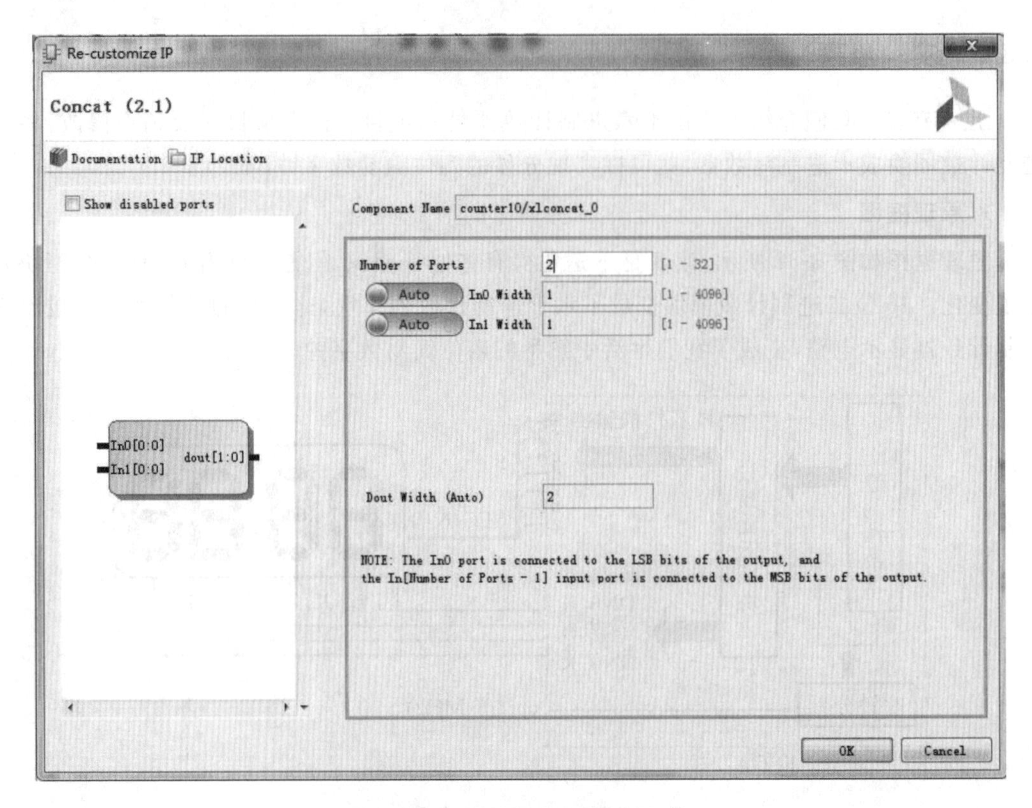


**图 3-64 Concat IP 配置界面**

(2) 分频模块。

分频模块 clk_div_10 Hz_userIP 原理详见 3.7 节,不再赘述。

(3) 七段译码器。

七段译码器模块 seg7_hex_userIP 原理详见 3.7 节,不再赘述。

(4) 计数器。

十进制异步计数器 74LS90 原理详见 3.6 节,不再赘述。

**3. 自上而下的两层次设计**

自上而下是指将数字系统的整体逐步分解为各个子系统和模块,若子系统规模较大,则还需将子系统进一步分解为更小的子系统和模块,层层分解,直至整个系统中各个子系统关系合理,并便于逻辑电路级的设计和实现为止。

六十进制计数器作为上层模块可以分解为四个十进制计数器在下层用清零法组合而成,原理框图如图 3-65 所示。

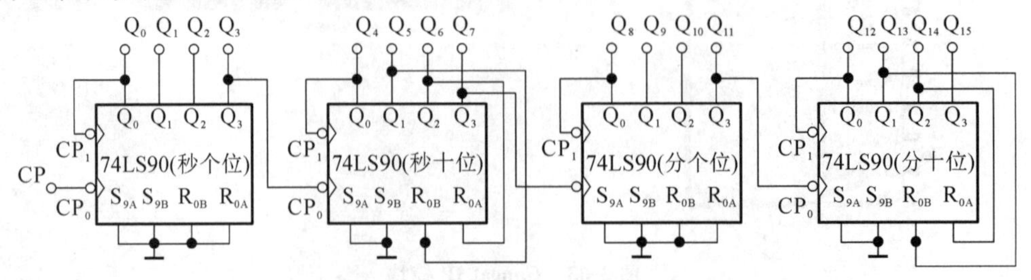


**图 3-65 六十进制计数器原理框图**

### 3.8.3 实验步骤

（1）创建工程，工程名为 counter60_seg7。

（2）创建原理图文件，将本工程需要的 IP 目录文件夹复制到本工程文件夹下。所需 IP 文件：clk_div_10 Hz_userIP、seg7_hex_userIP、xlconcat_0、74LS90。读懂图 3-62 所示四位简易数字钟原理框图，生成原理图文件。在 IP 选择框中，搜索本实验所需要的 IP。依次加入分频模块，扫描显示模块。

（3）生成六十进制计数器。

① 在原理图界面上，单击右键并选择“Creat Hierarchy”选项，如图 3-66 所示。

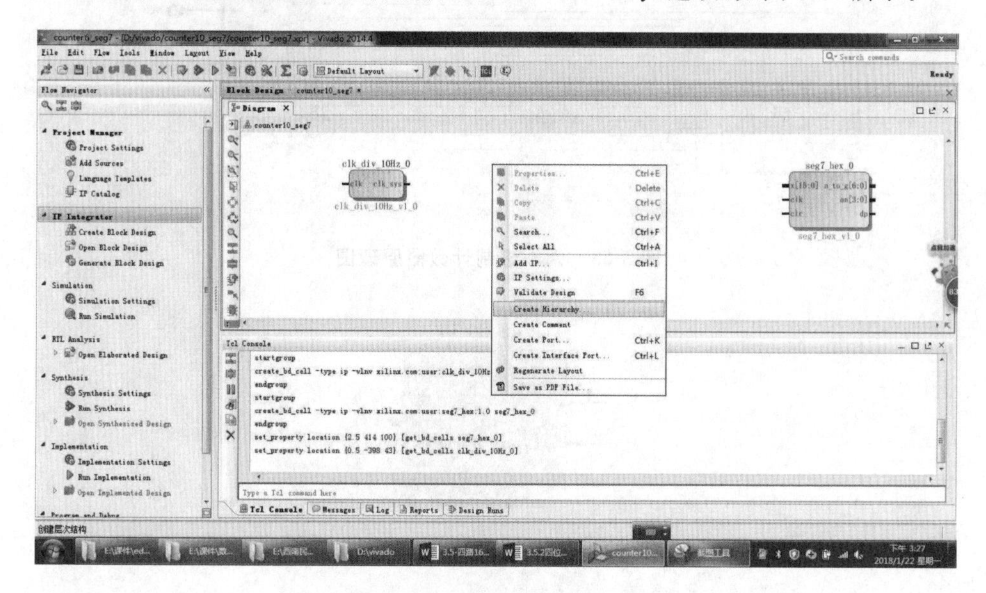


**图 3-66　生成层次化图界面**

② 将此模块命名为 counter_60，如图 3-67(a)、(b)所示。

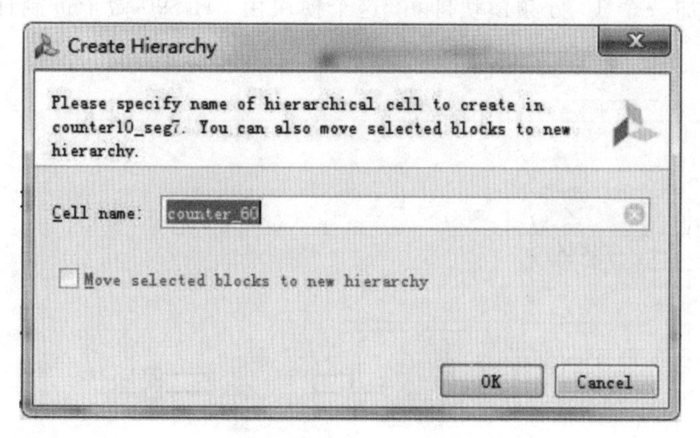


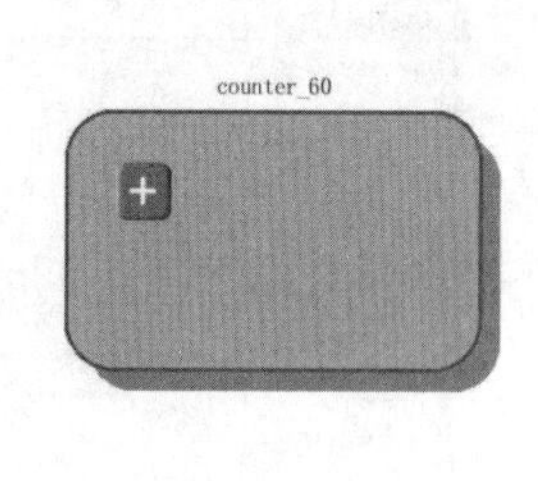


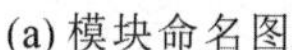
(a) 模块命名图　　(b) counter_60模块示意图

**图 3-67　counter_60 模块**

③ 移动鼠标，双击模块任意位置进入下层空白编辑界面，添加四个 74LS90 IP 核，读懂图 3-65 所示六十进制计数器原理框图，调整界面布局，连线，生成原理图，如图 3-68 所示，存

盘。顶层图对应模块输入输出端口会跟着变化，如图 3-69 所示。

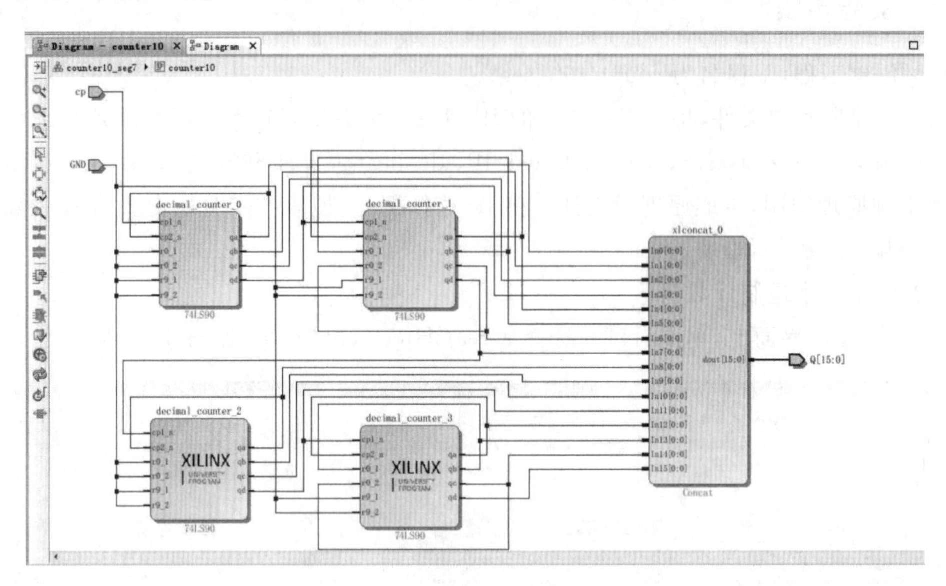


图 3-68　六十进制计数器原理图

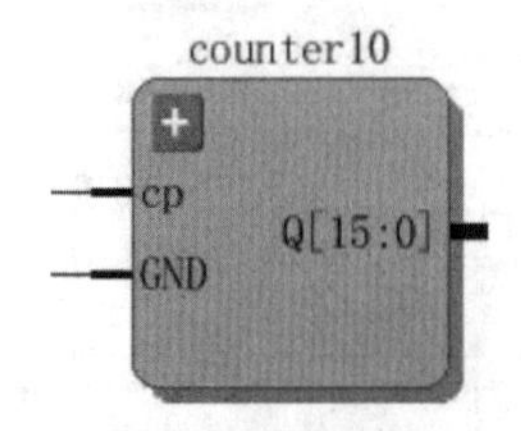


图 3-69　六十进制计数器模块图

调用 seg7_hex_userIP、clk_div_10 Hz_userIP 调整界面布局，连线，生成原理图，如图 3-70所示，其中 clk_div_10 Hz_userIP 输出 10 Hz 频率，数码管能够以 1 秒的速度显示十进制数字，就需要 1 Hz 频率，加一个 10 分频模块即可，这个模块由 74LS90 做十进制计数器，$Q_3$ 输出即可。

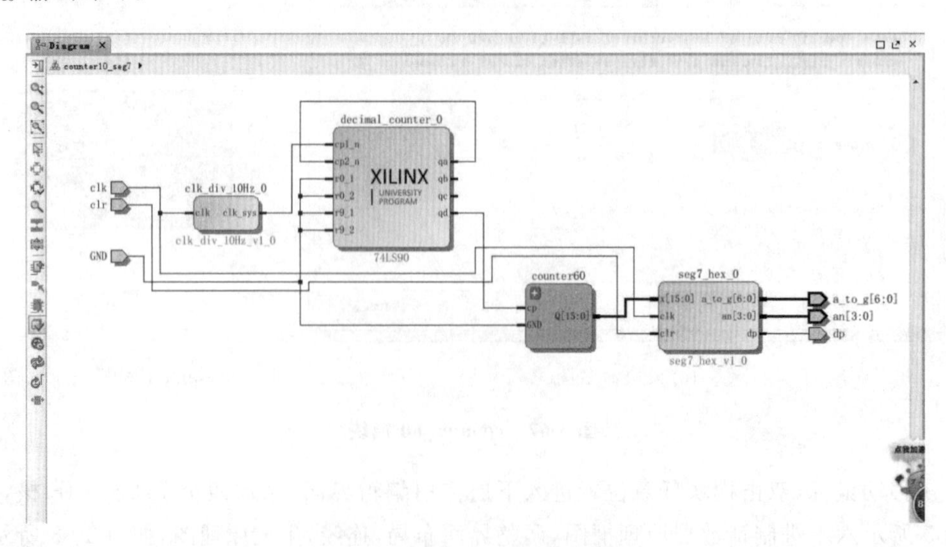


图 3-70　简易四位数字钟原理图

④ 保存下载。

保存，点击 source 窗口的 project，右键选择 Generate Output Products。生成相关 IP 的网表。参考表 3-14 分配管脚，下载。

**表 3-14 管脚分配表**

| 程序中管脚名 | 实际管脚 FPGA I/O PIN | 说　明 |
|---|---|---|
| GND | $P_5$ | 拨码开关 $SW_0$ |
| clk | $P_{17}$ | 系统时钟引脚 100 M |
| clr | $P_{15}$ | 复位按键，按下时输出低电平 |
| an[3] | $G_2$ | 位选信号 DN0_$K_1$ 高电平有效 |
| an[2] | $C_2$ | 位选信号 DN0_$K_2$ 高电平有效 |
| an[1] | $C_1$ | 位选信号 DN0_$K_3$ 高电平有效 |
| an[0] | $H_1$ | 位选信号 DN0_$K_4$ 高电平有效 |
| a_to_g[0] | $B_4$ | 0 组数码管 $A_0$ 高电平有效 |
| a_to_g[1] | $A_4$ | 0 组数码管 $B_0$ 高电平有效 |
| a_to_g[2] | $A_3$ | 0 组数码管 $C_0$ 高电平有效 |
| a_to_g[3] | $B_1$ | 0 组数码管 $D_0$ 高电平有效 |
| a_to_g[4] | $A_1$ | 0 组数码管 $E_0$ 高电平有效 |
| a_to_g[5] | $B_3$ | 0 组数码管 $F_0$ 高电平有效 |
| a_to_g[6] | $B_2$ | 0 组数码管 $G_0$ 高电平有效 |
| dp | $D_5$ | 0 组数码管 LED0_DP 高电平有效 |

### 3.8.4 实验内容

(1) 要求按前文所述的设计步骤进行，直到测试电路逻辑功能符合设计要求为止。

用原理图两层次化设计 60 进制计数器模块。

(2) 调用 clk_div_10 Hz_user、IP74LS90 将 10 Hz 的频率分频为 1 Hz。

(3) 用分频模块 clk_div_10 Hz_userIP、七段数码管扫描显示模块 seg7_hex_userIP 与 60 进制计数器模块组成的简易四位数字钟。在板卡上下载完成后，四位数码管能够以 1 秒的速度显示(0000～5959) 分、秒四位数字钟。

**思考**

如果要实现更为常见的能显示时、分、秒的六位数字钟，应该如何修改设计？

# 第4章 基于FPGA平台实验——程序篇

**内容概要**

前一章所涉及的实验都是用原理图设计。其实可编程器件的开发可以用原理图输入的方法或者采用硬件描述语言（HDL）的方法设计。原理图输入可控性好，比较直观，但设计大规模CPLD/FPGA时显得很烦琐，移植性稍差。HDL设计方法开发可编程器件可移植性好，使用方便，但直观性不如原理图方法。在稍复杂的CPLD/FPGA设计中，通常采用原理图和硬件描述语言相结合的方法进行电路设计，适合用原理图的地方就用原理图，适合用硬件描述语言的地方就用硬件描述语言，并没有强制的规范。在较短的时间内，用熟悉的工具设计出稳定、高效并符合设计要求的电路才是设计人员的最终目的。

所以，想学会数字电路的设计方法，学习时可以循序渐进。把复杂的语法先放一边，由浅入深，对比第三章的实验对应的Verilog HDL程序，由实验项目推动Verilog HDL基本语法的学习，有利于同学们快速掌握Verilog HDL编程设计的基础。如果融会贯通得当，相信后期可以做更复杂的设计。

## 4.1 Verilog HDL 简介

Verilog HDL作为一种高级的硬件描述编程语言，有着类似C语言的风格。其中有许多语句如：if语句、case语句等和C语言中的对应语句十分相似。如果同学们已经掌握C语言编程的基础，那么学习Verilog HDL并不困难，我们只要对Verilog HDL某些语句的特殊方面着重理解，并加强上机练习，就能很好地掌握它，利用它的强大功能来设计复杂的数字逻辑电路。下面我们将对Verilog HDL中的基本语法逐一加以介绍。

首先介绍几个简单的Verilog HDL程序，然后从中分析Verilog HDL程序的特性。

```
module  nand_gate(
  input a,b,
  output y
  );
  assign y= ~a&b;
endmodule
```

这个例子描述了一个第3章曾经用过的74LS00的一个与非门。从例子中可以看出整个Verilog HDL程序是嵌套在module和endmodule声明语句里的。

Verilog HDL 程序是由模块构成的。模块是可以进行层次嵌套的。正因为如此，才可以将大型的数字电路设计分割成不同的小模块来实现特定的功能，最后通过顶层模块调用子模块来实现整体功能。每个模块要进行端口定义，并说明输入输出口，然后对模块的功能进行行为逻辑描述。

Verilog HDL 程序的书写格式自由，一行可以写几个语句，一个语句也可以分写多行。除了 endmodule 语句外，每个语句和数据定义的最后必须有分号。

```
module  compare(
  output  equal,              //声明输出信号 equal
  input [1:0] a,b             //声明输入信号 a,b
);
  assign  equal=(a==b)?1:0;          /* 如果两个输入信号相等，输出为 1，否则为 0* /
endmodule
```

这个程序描述了一个比较器。在这个程序中，多行注释符/＊........＊/和单行注释//.........表示注释部分，注释只是为了方便程序员理解程序，对编译是不起作用的。一个好的，有使用价值的源程序都应当加上必要的注释，以增强程序的可读性和可维护性。程序中，Verilog 是大小写敏感的。所有的 Verilog 关键词都是小写的。

Verilog 有三种主要的数据类型：Nets 表示器件之间的物理连接，称为网络连接类型，一般如果不明确地说明连接是何种类型，应该是指 wire 类型(默认缺省)。Register 表示抽象的储存单元，称为寄存器/变量类型。Parameter 表示运行时的常数，称为参数类型。

如何选择正确的数据类型？

输入口(input)可以由寄存器或网络连接驱动，但它本身只能驱动网络连接。

输出口 (output)可以由寄存器或网络连接驱动，但它本身只能驱动网络连接。

输入/输出口(inout)只可以由网络连接驱动，但它本身只能驱动网络连接。

如果信号变量是在过程块 (initial 块或 always 块)中被赋值的，必须把它声明为寄存器类型变量。

比如同样的与非门程序，如果在 always 块中赋值 y，则必须把它声明为寄存器类型变量。

```
module  nand_gate_reg(
  input a,b,
  output y
  );
  reg y;
  always @ (a or b)
      y= ~a&b;
endmodule
```

同学们编写 Verilog 程序，选择数据类型时经常犯如下的三个错误，要特别注意。

(1) 在过程块中对变量赋值时，忘了把它定义为寄存器类型(reg)或已把它定义为连接类型了(wire)。

(2) 把实例的输出连接出去时，把它定义为寄存器类型了。

(3) 把模块的输入信号定义为寄存器类型了。

简言之，Verilog HDL 和 C 语言的语法非常相似，但语言本身的行为却大不相同。我们不要过多纠结语法,轻装上阵,在后续实验中逐步融会贯通。它和任何程序语言一样,只有通过自己编写程序,然后仿真设计并综合下载,才能学会。

## 4.2 3-8 译码器及仿真实验

### 4.2.1 实验目的

(1) 初步认识 Verilog HDL 语言,读懂 74LS00 与非门 IP 核程序。
(2) 掌握 3-8 译码器原理,编写 3-8 译码器程序。
(3) 学习例化语句,编写测试平台(Testbench)进行功能仿真。

### 4.2.2 实验原理

**1. IP 核程序学习**

双击打开 74LS00 与非门 IP 核程序,其实很容易读懂。

```
module four_2_input_nand_gate # (parameter DELAY= 10) (
    input wire a1,b1,a2,b2,a3,b3,a4,b4,
    output wire y1,y2,y3,y4
    );
    nand # DELAY (y1,a1,b1);
    nand # DELAY (y2,a2,b2);
    nand # DELAY (y3,a3,b3);
    nand # DELAY (y4,a4,b4);
endmodule
```

**2. 译码器原理**

译码器简介见 3.2 节。3-8 译码器原理框图如图 4-1 所示,真值表如表 4-1 所示。

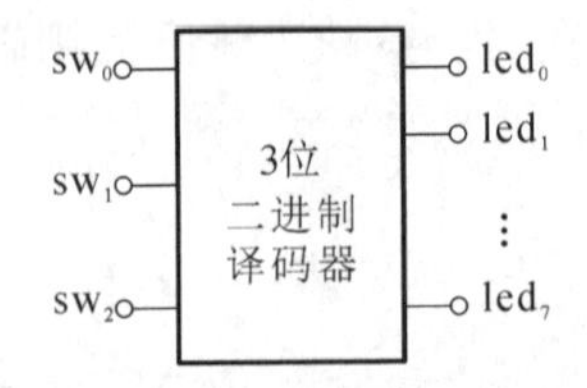


**图 4-1 3-8 译码器原理框图**

**表 4-1 3-8 译码器真值表**

| $SW_2$ | $SW_1$ | $SW_0$ | $L_7$ | $L_6$ | $L_5$ | $L_4$ | $L_3$ | $L_2$ | $L_1$ | $L_0$ |
|---|---|---|---|---|---|---|---|---|---|---|
| 0 | 0 | 0 | 0 | 0 | 0 | 0 | 0 | 0 | 0 | 1 |
| 0 | 0 | 1 | 0 | 0 | 0 | 0 | 0 | 0 | 1 | 0 |
| 0 | 1 | 0 | 0 | 0 | 0 | 0 | 0 | 1 | 0 | 0 |
| 0 | 1 | 1 | 0 | 0 | 0 | 0 | 1 | 0 | 0 | 0 |
| 1 | 0 | 0 | 0 | 0 | 0 | 1 | 0 | 0 | 0 | 0 |
| 1 | 0 | 1 | 0 | 0 | 1 | 0 | 0 | 0 | 0 | 0 |
| 1 | 1 | 0 | 0 | 1 | 0 | 0 | 0 | 0 | 0 | 0 |
| 1 | 1 | 1 | 1 | 0 | 0 | 0 | 0 | 0 | 0 | 0 |

**3. 源码**

```
module decode_38 (
  input wire [2:0] sw,
  output reg[7:0] led
  );
  always@ (sw)begin
      case(sw)
          3'b000:led= 8'b0000_0001;
          3'b001:led= 8'b0000_0010;
          3'b010:led= 8'b0000_0100;
          3'b011:led= 8'b0000_1000;
          3'b100:led= 8'b0001_0000;
          3'b101:led= 8'b0010_0000;
          3'b110:led= 8'b0100_0000;
          3'b111:led= 8'b1000_0000;
      endcase
  end
endmodule
```

代码分析如下。

(1) 上面为本实验的 Verilog HDL 代码,Verilog 的基本设计单元是由模块 module 组成的,一部分用于描述接口,另一部分用于描述逻辑功能。模块内容是嵌在 module 和 endmodule 两个语句之间。每个模块实现特定的功能,模块可进行层次的嵌套,因此可以将大型的数字电路设计分割成大小不一的模块来实现特定的功能。最后通过由顶层模块调用子模块来实现整体功能,这就是 Top-Down 的设计思想。

(2) 其间用到 case 语句,用来处理多分支选择。case 括号内的表达式为控制表达式,分支项的表达式为分支表达式。当控制表达式的值与分支表达式的值相等时,就执行分支语句后面的语句。

(3) 模块的端口声明了模块的输入/输出口,定义了该模块的管脚名,是该模块与其他模块通信的外部接口,相当于器件的 pin。module 和 endmodule 间就是模块的内容,包括 I/O说明,内部信号声明和功能定义,decoder 为模块名,后面括号内为输入输出端,下面要具体说明哪个为输入,哪个为输出,输入信号 wire [2:0]sw,输出信号 reg [7:0]led。reg 定义寄存器型变量,这里的 led 必须为 reg 型,因为在 always 中不断改变,一般输出端口都要重复此定义。always@(sw)表示只要 sw 变化就执行下面的语句,注意 always 块以 begin 开始,end 结束。

(4) sw 的电平是该组合逻辑的触发信号。每种 sw 信号对应一种 led 亮灯模式。比如将拨码开关都关闭,对应 000,那么输出为 0000_0001,led0 亮。

**4. 例化语法**

一个模块能够在另外一个模块中被引用,这样就建立了描述的层次。模块实例化语句形式如下:

```
module_name instance_name(port_associations);
```

信号端口可以通过位置或名称关联;但是关联方式不能够混合使用。端口关联形式如下:

```
port_expr//通过位置。
.PortName(port_expr)//通过名称。
```

### 4.2.3 实验步骤

**1. 创建工程**

(1) 启动 Vivado 设计软件。

(2) 新建工程:每个实验都需要新建一个独立的工程,包含此实验过程中生成的所有文件。在这个工程里,工程名称为 decode_38。

(3) 选择正确的 EGO1 开发板上正确的 Xilinx FPGA 型号(xc7a35tcsg324)。

(4) 点击左侧 Project Manager 窗口中的 AddSources 按钮(或点击菜单栏中 File=>Add Sources),添加一个 Verilog 文件描述译码器如何实现,如图 4-2 所示。其间我们可以为 3-8 译码器指定输入输出信号(我们使用 3 个拨码开关和 8 个 led 灯)。

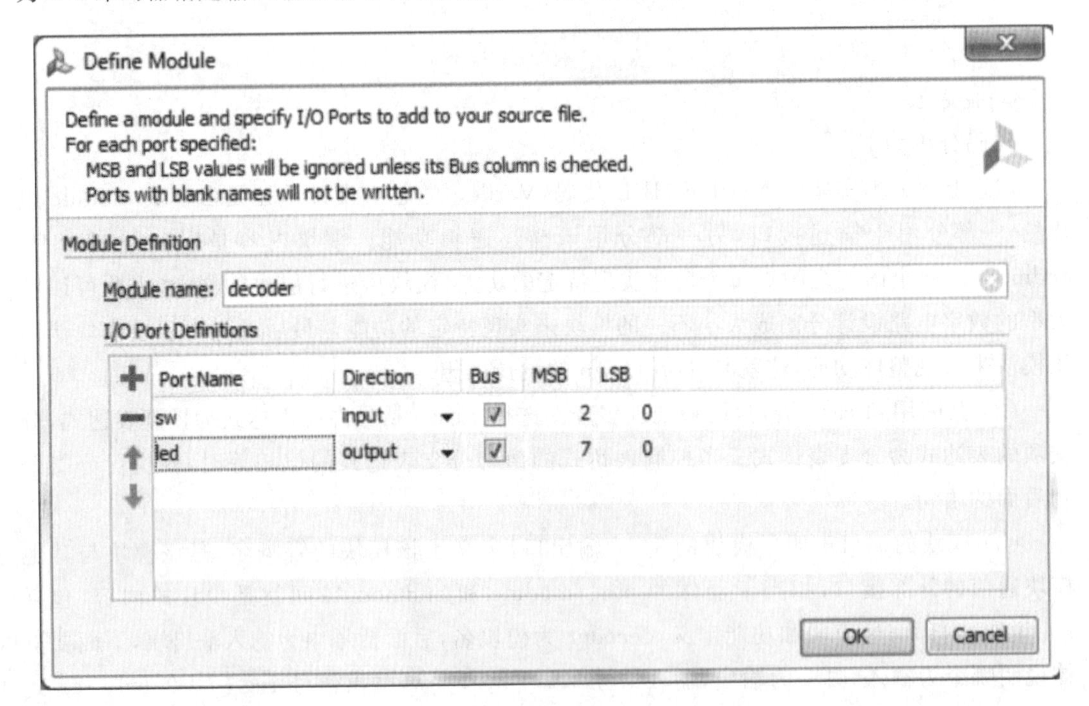


图 4-2 定义模块输入输出

回到工程文件管理窗口(Project Manager),双击新建的 decode_38.v 文件,屏幕右侧可以看到 Verilog 文件,输入 Verilog HDL 源程序。工程文件打开窗口如图 4-3 所示,在用户区 Verilog HDL 文件窗口中输入源程序,保存时文件名与实体名保持一致。

(5) 综合设计文件。

点击 RTLanalysis 可以看到 RTL 级别的原理图,Run Synthesis。综合完成之后,应该没有错误和警告。如果打开综合设计,你可以看到器件资源使用描述,也可以看到综合得到的原理图,如图 4-4 所示。输入输出缓存和查找表都被用到。

查看 RTL 级电路原理图,在左侧的 Flow Navigator 中依次展开 RTL ANALYSIS>

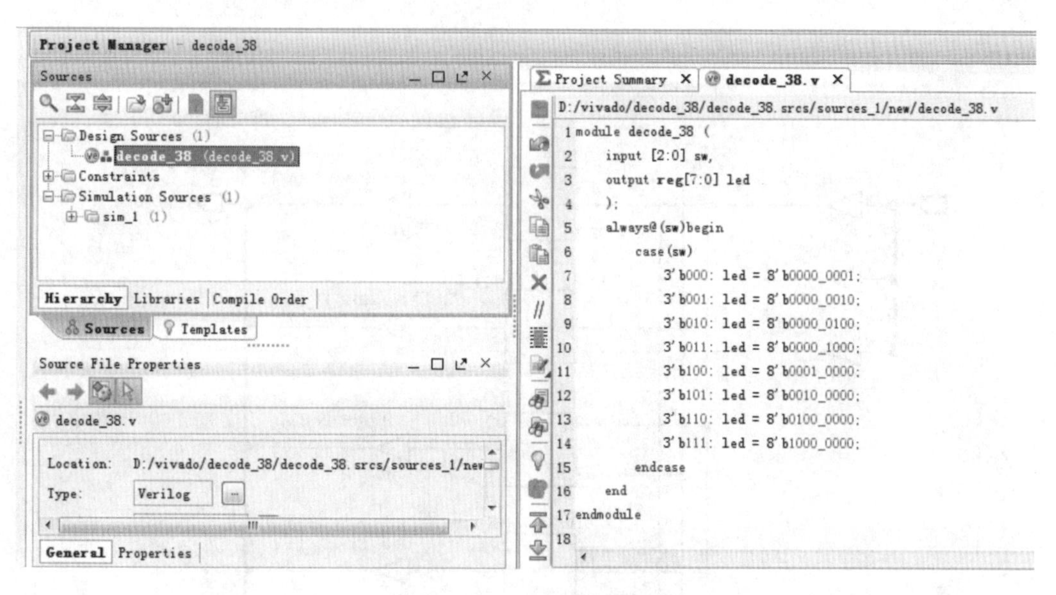


图 4-3　工程文件管理窗口

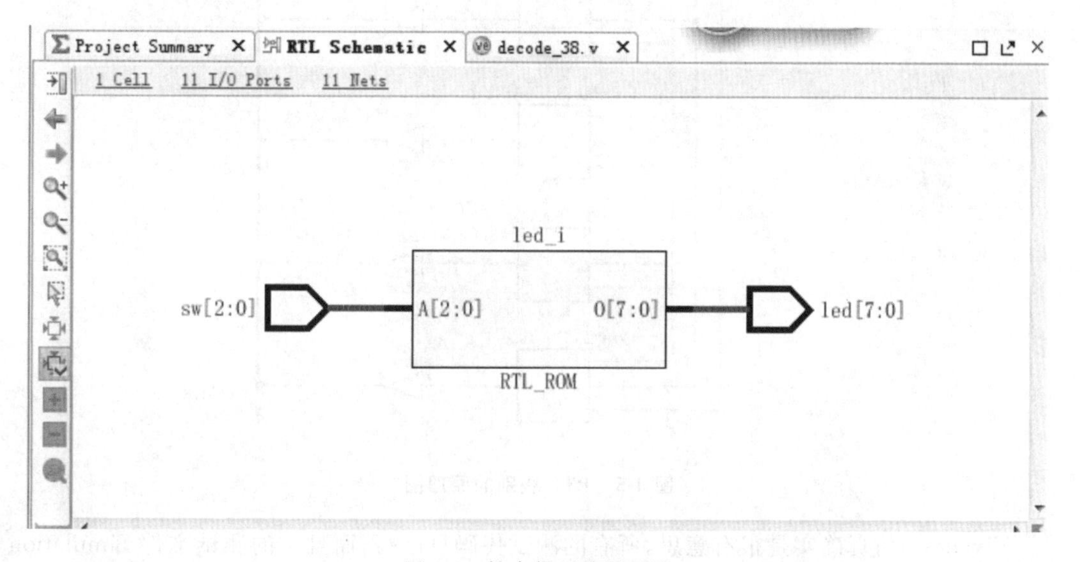


图 4-4　综合得到的原理图

Open Elaborated Design，点击“Schematic”。如图 4-5 所示这一步对于实验来说不是必需的，同学们可以直接跳到第二步仿真。这里主要目的是把代码以原理图的形式表现出来，使同学们得到更直观的理解。

**2. 仿真**

在 FPGA 设计过程中，80％以上的时间都用在仿真测试过程，所以学好仿真测试文件编写的基础很重要。这个例子只是简单演示如何用 Vivado 自带的集成仿真工具对工程设计进行仿真测试。简单的组合逻辑电路设计，利用功能仿真就可以验证电路逻辑的正确性，当然也可以跳过仿真测试，直接下载到板卡上进行板级验证。在进行复杂的数字电路设计时，还需要进行时序仿真，确保电路在时序上也保持正确性。

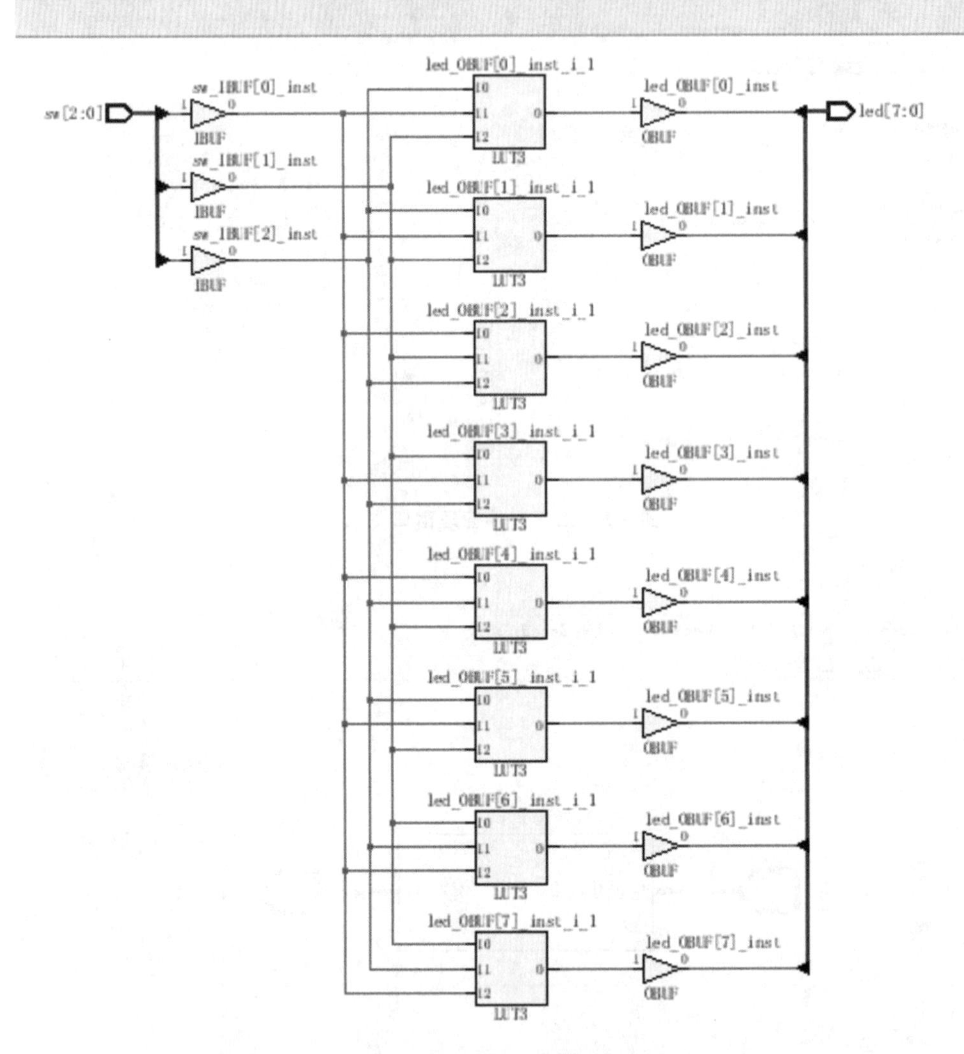


**图 4-5　RTL 级别的原理图**

Vivado 的仿真确实是很有意思，所有的测试代码自己写，而且它的测试文件 Simulation Sources 和设计文件 Design Sources 的类型是一模一样，这意味着 Vivado 将不会区分测试文件和设计文件，设计的一致性得到了统一。

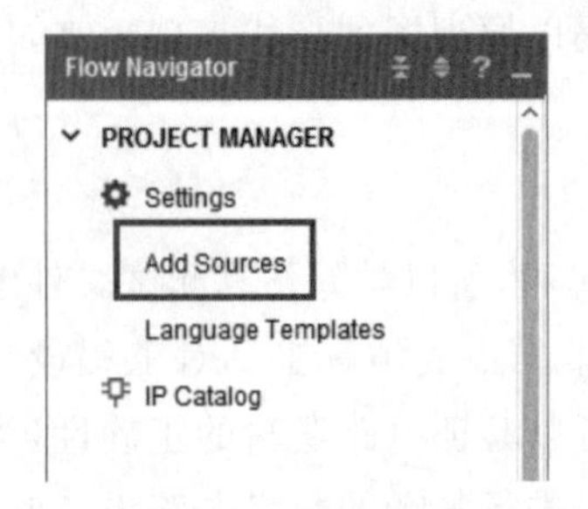


**图 4-6　管理文件窗口**

1）建立仿真文件

在原工程文件内，搭建测试平台，添加仿真文件：decoder_sim（同学们可以自己取名）。

（1）如图 4-6 所示，在 Vivado 界面左侧的 Flow Navigator 一栏中展开 PROJECT MANAGER，点击“Add Sources”。

（2）如图 4-7 所示选择“Add or create simulation sources”，点击 Next 继续。点击蓝色“＋”选择“Add Files”

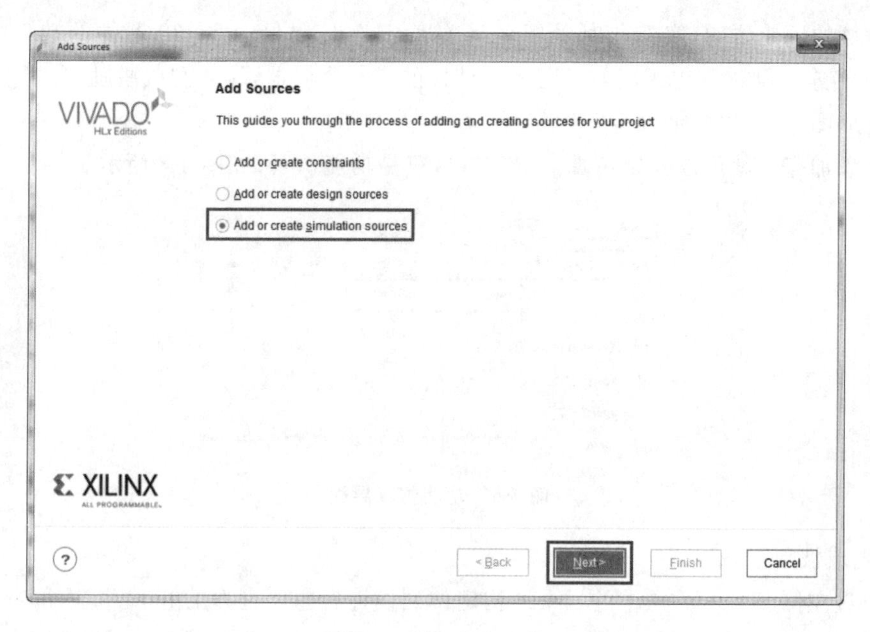


图 4-7　添加仿真文件

2）编写 testbench

代码如下：

```
`timescale 1ns/1ps
module decode_38sim;
  reg [2 : 0] incode;
  wire [7 : 0] outcode;
  decode_38 decode_38
(
  .sw(incode),
  .led(outcode)
  );
  initial
  begin
      incode= 0;
      while(1)
      # 1000 incode= incode+ 1;
  end
endmodule
```

sim作为最顶层的文件，不需要任何输入或者输出引脚，因为它的任务只是给激励，刺激它所仿真的模块。一般情况下真正需要自己写的代码其实没有多少。

其中：

```
decode_38 decode_38
(
.sw(incode),
.led(outcode)
);
```

是典型的例化语句，实例化时采用名字关联，incode 是 decode_38 器件的端口，其与信号 incode 相连。例化语句调用前期已经设计好的三八译码器，输入测试激励，分析响应输出的时序波形图，就可以验证设计正确与否。

文件添加完了就可以开始仿真了，当然，这只是功能仿真，如图 4-8 所示。

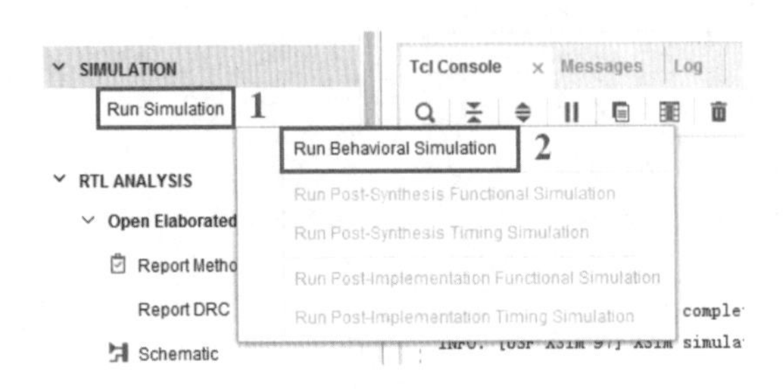


图 4-8　功能仿真界面

3）生成波形

可通过左侧 Scope 一栏中的目录结构定位到设计者想要查看的 module 内部寄存器，在 Objects 对应的信号名称上右击选择 Add To Wave Window，将信号加入波形图中。

可通过选择图 4-9 所示工具栏中的如下选项来进行波形的仿真时间控制。图中所示工具条，分别是复位波形（即清空现有波形）、运行仿真、运行特定时长的仿真、仿真时长设置、仿真时长单位、单步运行、暂停……

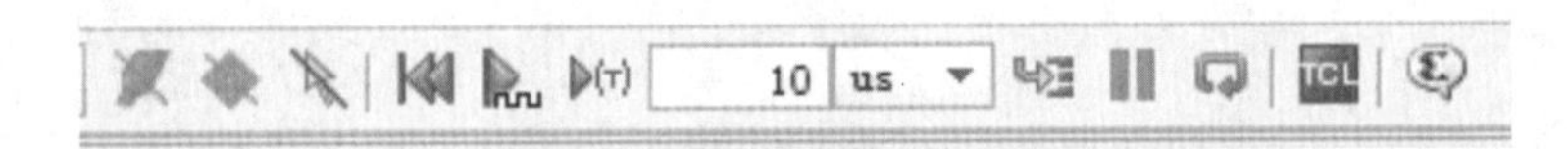


图 4-9　仿真工具栏

最终得到的仿真波形如图 4-10 所示。核对波形与预设的逻辑功能是否一致。仿真完成。

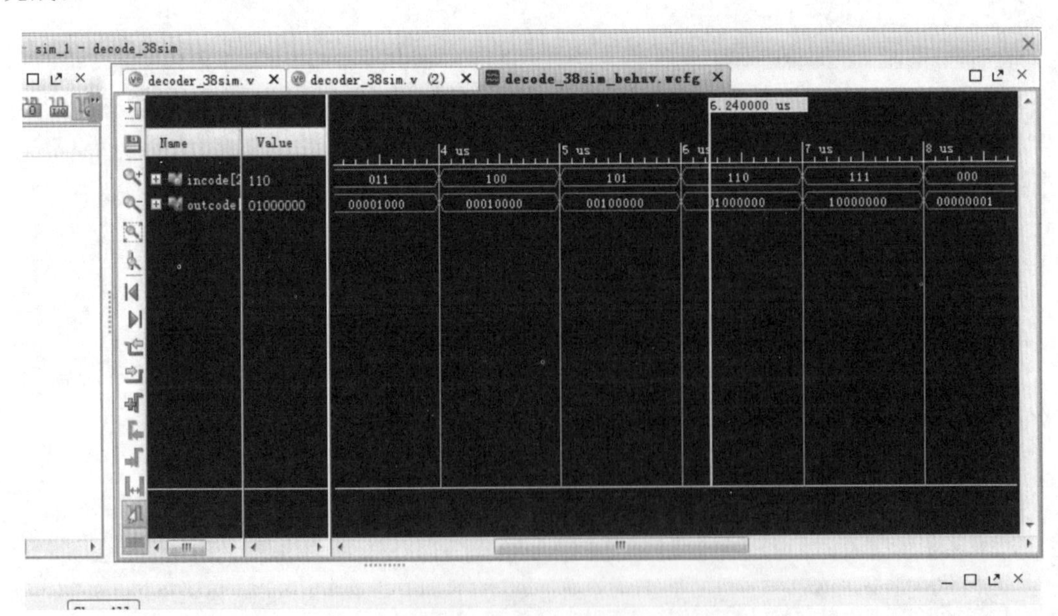


图 4-10　仿真波形图

**3. 添加 I/O,约束分配管脚**

在我们下载之前,需要为 sw 输入和 LED 输出指定 FPGA 的引脚。查询 EGO1 手册,参考表 4-2 分配管脚,下载之。

表 4-2 3-8 译码器管脚分配表

| 程序中管脚名 | 实际管脚 FPGA I/O PIN | 说　明 |
|---|---|---|
| sw[0] | $P_5$ | 拨码开关 $SW_0$ |
| sw[1] | $P_4$ | 拨码开关 $SW_1$ |
| sw[2] | $P_3$ | 拨码开关 $SW_2$ |
| led[0] | $F_6$ | 绿色 $LED_0$ |
| led[1] | $P_5$ | 绿色 $LED_1$ |
| led[2] | $C_1$ | 绿色 $LED_2$ |
| led[3] | $H_1$ | 绿色 $LED_3$ |
| led[4] | $B_4$ | 绿色 $LED_4$ |
| led[5] | $A_4$ | 绿色 $LED_5$ |
| led[6] | $A_3$ | 绿色 $LED_6$ |
| led[7] | $B_1$ | 绿色 $LED_7$ |

全部的 Sources 如图 4-11 所示。

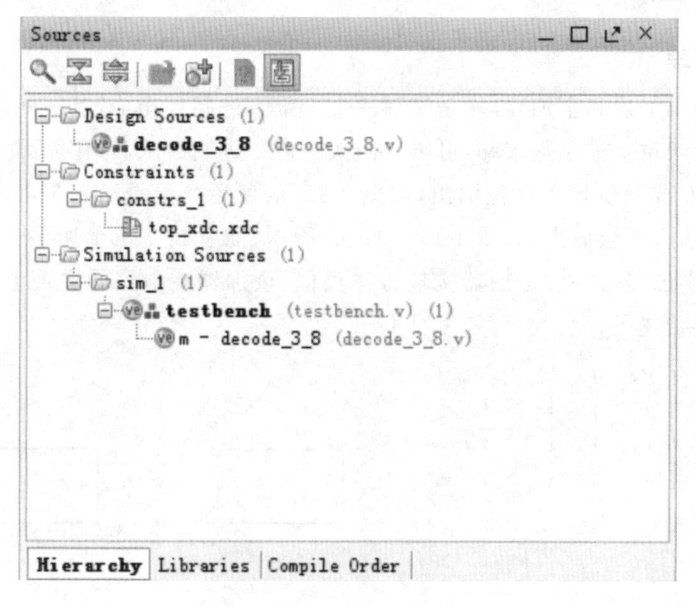


图 4-11 文件管理窗口

**4. 下载**

在左侧栏中,点击 Run Implementation。你会发现有两个警告,这是因为我们没有做任何时序约束。但本设计只是组合逻辑,用不着时钟,所以可以忽略。

点击 Generate Bitstream。将比特流下载进 FPGA。点击 Program。只需要几秒钟的时间就可以下载完毕，开发板上 led 灯亮起。这时候你设计的 3-8 译码器已经在 FPGA 上实现了。

改变三个拨码开关（$SW_2$，$SW_1$，$SW_0$）的状态，8 个 led 亮灭会相应变化。

### 4.2.4 实验内容

（1）用 Verilog 编写 3-8 译码器程序。

（2）编写程序对应的仿真测试文件（Test Bench），生成并分析波形仿真图。

（3）在 EGO1 开发板上下载 3-8 译码器程序（通过拨码开关和 led 控制显示）。

**思考**

如果是时序电路，仿真测试文件（Test Bench）又该如何编写？

## 4.3 加法器设计

### 4.3.1 实验目的

（1）理解半加器、全加器的概念。

（2）掌握四位加法器原理，编写加法器程序。

（3）学习例化语句，初步学会两层次设计。

### 4.3.2 实验原理

**1. 加法器原理**

加法器分为半加器和全加器，均是实现两个一位二进制数相加，差别就在于考虑不考虑低位进位。两组四位二进制数求和，可以分四次一位二进制数求和，比如第 0 位考虑逻辑抽象的时候，显然需要两位输入两位输出，如图 4-12(a)所示。但是第 1 位考虑逻辑抽象的时候，却需要三位输入两位输出，如图 4-12(b)、(c)所示，前者叫一位半加器，后者叫一位全加器。显然，一位半加器与一位全加器实现方法类似，全加器在电路的实现上也较复杂些，半加器此处就不再赘述了。

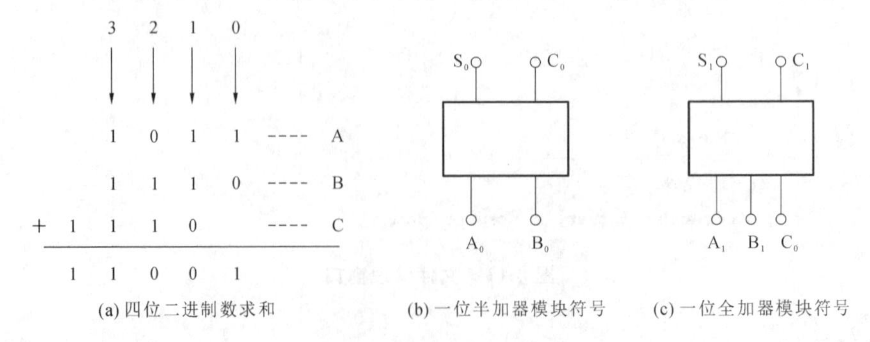


(a) 四位二进制数求和　(b) 一位半加器模块符号　(c) 一位全加器模块符号

**图 4-12 加法器原理**

（1）真值表：表 4-3 为全加器真值表。$A_i$、$B_i$（$A_i$、$B_i$ 的下角标，可以方便不同位宽的加法器）为要进行运算的两个值，$C_{i-1}$ 为低位来的进位，$S_i$（$S_i$ 的下角标方便表示不同位宽的加法器的和位）为和数，$C_i$ 为向高位的进位值。

**表 4-3　一位全加器真值表**

| $A_i$ | $B_i$ | $C_{i-1}$ | $S_i$ | $C_i$ | $A_i$ | $B_i$ | $C_{i-1}$ | $S_i$ | $C_i$ |
|---|---|---|---|---|---|---|---|---|---|
| 0 | 0 | 0 | 0 | 0 | 1 | 0 | 0 | 1 | 0 |
| 0 | 0 | 1 | 1 | 0 | 1 | 0 | 1 | 0 | 1 |
| 0 | 1 | 0 | 1 | 0 | 1 | 1 | 0 | 0 | 1 |
| 0 | 1 | 1 | 0 | 1 | 1 | 1 | 1 | 1 | 1 |

（2）全加器的逻辑表达式：

$$S_i = \overline{A}_i\ \overline{B}_i C_{i-1} + \overline{A}_i B_i\ \overline{C}_{i-1} + A_i\ \overline{B}_i\ \overline{C}_{i-1} + A_i B_i C_{i-1}$$

$$C_i = \overline{A_i} B_i C_{i-1} + A_i\ \overline{B_i} C_{i-1} + A_i B_i\ \overline{C}_{i-1} + A_i B_i C_{i-1}$$

**2. 原理图**

图 4-13 为 4 位串行进位加法器模块原理图，可以用第 3 章学到的调用一位全加器 IP 核很容易实现。

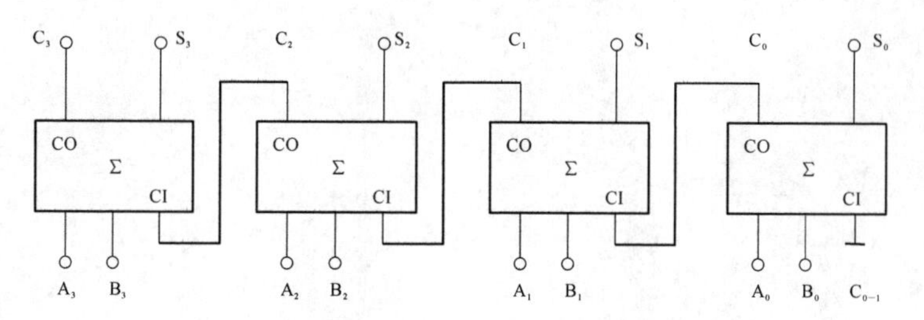


**图 4-13　四位全加器模块原理图**

**3. 源码**

虽然在原理上很难理解，但是用 Verilog HDL 来描述加法器是相当容易的，只需要把运算表达式写出就可以了，通过观察源码我们就会明白这一点。

```
module Add (
  input a,b,
  output s,
  output cout
  );
  assign {cout,s}= a+ b;
endmodule
module Add_4 (
  input [3:0] a,
  input [3:0] b,
  output cout,
  output [3:0]s
  );
  assign {cout,s}= a+ b;
endmodule
```

```
module BCDADDER (
   input [7:0] A,
   input [7:0] B,
   output reg[8:0]D
   );
   wire [4:0] DT0;
   wire [4:0] DT1;
   reg S;
   always @ ( DT0)
       begin
           if(DT0[4:0]> = 5b'01010)
               begin
                    D[3:0]= DT0[3:0]+ 4b'0110;
                    S= 1b'1;
               end
           else
               begin
                    D[3:0]= DT0[3:0];
                    S= 1b'0;
               end
       end
   always @ ( DT1)
       begin
           if(DT1[4:0]> = 5b'01010)
               begin
                    D[7:4]= DT1[3:0]+ 4b'0110;
                    D[8]= 1b'1;
               end
           else
               begin
                    D[7:4]= DT1[3:0];
                    D[8]= 1b'0;
               end
       end
   assign DT0= A[3:0]+ B[3:0];
   assign DT1= A[7:4]+ B[7:4]+ S;
endmodule
```

代码分析：

上面为本实验的 Verilog HDL 代码，很容易发现第一个 module 为一位全加器。虽然非常简单，但是要改变位宽，比如想设计一个四位加法器，程序就要重来一次。

为了实现四位加法器，第二个 module 源程序中使用了四位位宽的输入，这一点很好理解，通过位宽的设定，就可以任意改变加法器的宽度。

生活中,我们使用十进制数求和,第三个 module 源程序就是实现十进制数求和的 BCD 码加法器。2 个用 BCD 码表示的数相加后,结果依然为 BCD 码的数,就需要调整。调整方法是:一般直接先加。如果和值超过 9,即当和为 A~F,直接加 6,让其跳过 A~F 的值,并使进位值为 1;当和值<A,则不处理,但若有进位,还需加上。

### 4.3.3 实验步骤

(1) 学习例化语句,参见 4.2 节。初步学会 Verilog HDL 两层次设计。输入一位全加器程序,在同一 project 中输入一位全加器底层程序,同时建立顶层四位全加器 Verilog 源程序(顶层使用例化语句调用一位全加器生成四位全加器源程序),仿真(选作),分配管脚,参考管脚分配表 4-4,下载之,观察结果。

**表 4-4 四位加法器管脚分配表**

| 程序中管脚名 | 实际管脚 FPGA I/O PIN | 说明 |
|---|---|---|
| A[3] | $R_2$ | 拨码开关 $SW_4$ |
| A[2] | $M_4$ | 拨码开关 $SW_5$ |
| A[1] | $N_4$ | 拨码开关 $SW_6$ |
| A[0] | $R_1$ | 拨码开关 $SW_7$ |
| B[3] | $V_4$ | DIP 开关 $DIP_4$ |
| B[2] | $R_3$ | DIP 开关 $DIP_5$ |
| B[1] | $T_3$ | DIP 开关 $DIP_6$ |
| B[0] | $T_5$ | DIP 开关 $DIP_7$ |
| cout | $F_6$ | 绿色 $LED_0$ |
| s[3] | $P_5$ | 绿色 $LED_1$ |
| s[2] | $C_1$ | 绿色 $LED_2$ |
| s[1] | $H_1$ | 绿色 $LED_3$ |
| s[0] | $B_4$ | 绿色 $LED_4$ |

(2) 输入第二个四位全加器程序,仿真、下载,观察结果。观察综合后软件自动生成的原理图。体会与步骤(1)的异同。

(3) 输入第三个两位十进制数求和程序,仿真(选作),分配管脚,参考管脚分配表 4-5,下载之,观察结果。输入任意两位十进制数求和,就成为一个简单的计算器。

**表 4-5 两位十进制数加法器管脚分配表**

| 程序中管脚名 | 实际管脚 FPGA I/O PIN | 说明 |
|---|---|---|
| A[7] | $P_5$ | 拨码开关 $SW_0$ |
| A[6] | $P_4$ | 拨码开关 $SW_1$ |
| A[5] | $P_3$ | 拨码开关 $SW_2$ |
| A[4] | $P_2$ | 拨码开关 $SW_3$ |

续表

| 程序中管脚名 | 实际管脚 FPGA I/O PIN | 说　明 |
|---|---|---|
| A[3] | $R_2$ | 拨码开关 $SW_4$ |
| A[2] | $M_4$ | 拨码开关 $SW_5$ |
| A[1] | $N_4$ | 拨码开关 $SW_6$ |
| A[0] | $R_1$ | 拨码开关 $SW_7$ |
| B[7] | $U_3$ | DIP 开关 $DIP_0$ |
| B[6] | $U_2$ | DIP 开关 $DIP_1$ |
| B[5] | $V_2$ | DIP 开关 $DIP_2$ |
| B[4] | $V_5$ | DIP 开关 $DIP_3$ |
| B[3] | $V_4$ | DIP 开关 $DIP_4$ |
| B[2] | $R_3$ | DIP 开关 $DIP_5$ |
| B[1] | $T_3$ | DIP 开关 $DIP_6$ |
| B[0] | $T_5$ | DIP 开关 $DIP_7$ |
| D[8] | $F_6$ | 绿色 $LED_0$ |
| D[7] | $G_4$ | 绿色 $LED_1$ |
| D[6] | $G_3$ | 绿色 $LED_2$ |
| D[5] | $J_4$ | 绿色 $LED_3$ |
| D[4] | $H_4$ | 绿色 $LED_4$ |
| D[3] | $J_3$ | 绿色 $LED_5$ |
| D[2] | $J_2$ | 绿色 $LED_6$ |
| D[1] | $K_2$ | 绿色 $LED_7$ |
| D[0] | $K_1$ | 绿色 $LED_8$ |

### 4.3.4 实验内容

(1) 完成两层次四位加法器，下载到板卡上，用拨码开关实现二级制数 1011＋1110。

(2) 完成一层次四位全加器，下载到板卡上，用拨码开关实现二级制数 1011＋1110。

(3) 完成 BCD 码加法器，下载到板卡上，用拨码开关实现十制数 58＋39。

**思考**

(1) 实验内容(1)是用例化语句实现的 4 位串行进位加法器。实验内容(2)完成一层次四位全加器，程序看起来很简单，可是它综合的结果还是 4 位串行进位加法器。参考 RTL 原理图仔细体会。

(2) 所有的显示都可以使用 led 灯观察结果，但是不直观，如何修改程序，使用第 3 章已经熟练使用的数码管显示所有的求和结果？

## 4.4 位宽可设置的加法器封装制定IP核

### 4.4.1 实验目的

(1) 初步理解IP概念。

(2) 掌握封装制定IP核方法。

(3) 掌握加法器原理,编写位宽可设置的加法器程序。

(4) 会在其他工程中调用自己生成的IP核。

### 4.4.2 实验原理

**1. IP核**

IP核模块是一种预先设计好的甚至已经通过验证的具有某种确定功能的集成电路、器件或部件。在前面的Vivado学习中,可以感觉到一种趋势,它鼓励用IP核的方式进行设计。"IP Integrator"提供了原理图设计的方式,只需要在其中调用设计好的IP核连线。IP核一部分来自Xilinx官方IP;一部分来自第三方IP,其中有的是在网络上开源的;另一部分就是自己设计的IP。有时候我们需要把自己的一个设计反复用到以后的工程中,利用Vivado的"IP Package"将其封装起来,在以后的工程中直接调用即可。

**2. 源码**

参照4.3节,用Verilog HDL来描述位宽可设置的加法器是相当容易的,只需要把运算表达式写出就可以了,通过观察下面的源码我们就会明白这一点。

```
module Add_4 (
  input [3:0] a,
  input [3:0] b,
  output cout,
  output [3:0]s
  );
  assign {cout,s}= a+ b;
endmodule
module Add_USR_IP # (parameter WIDTH= 1) (
  input [WIDTH:0] a,
  input [WIDTH:0] b,
  output cout,
  output [WIDTH:0]s
  );
  assign {cout,s}= a+ b;
endmodule
```

代码分析:

上面为本实验的Verilog HDL代码,很容易发现第一个module为四位加法器。虽然非常简单,但是要改变位宽,比如想设计一个六位加法器,程序就要重来一次。

为了实现加法位宽可调整，第二个 module 源程序中使用了 parameter 参数，这一点很好理解，通过参数的设定，就可以任意改变加法器的宽度。IP 核封装后，用户就可通过头文件或图形用户接口（GUI）方便地对参数进行操作。这样的设置，程序使用灵活，可移植性强。

### 4.4.3 实验步骤

**1. 封装制定 IP 核**

（1）首先建立一个工程用于设计 IP 核，这个工程最好放在 Vivado 目录下或不会被删除的地方。添加一个源文件，输入加法器的代码。

（2）在顶部工具栏中，点击 Tools>Create and Package New IP，如图 4-14 所示。

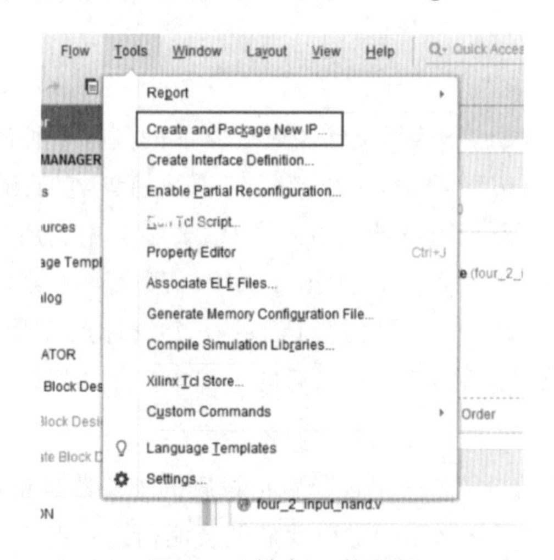


图 4-14 创建 IP 核界面

（3）选择对当前工程进行封装，如图 4-15 所示，点击 Next 继续。

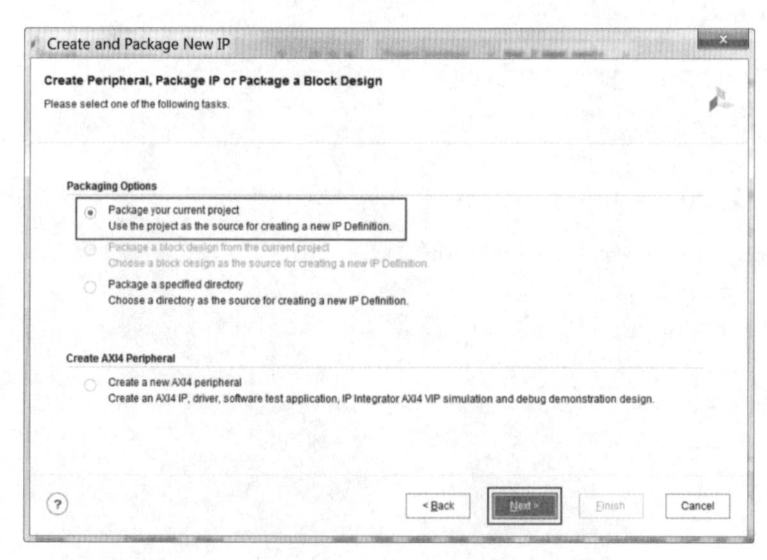


图 4-15 封装工程界面

（4）选择 IP 保存路径，设置自己的 IP 核的库名和目录，可以用默认值设置，点击

Next 继续。

(5) 点击 Finish 完成设置。

(6) 设置 IP 参数，主要是修改 IP 核的一些信息，比如库名和显示名字等。

① "Identification"，在右侧 Package IP 窗口中，选择 Identification，按图 4-16 所示设置，可以修改你自己 IP 的名字。

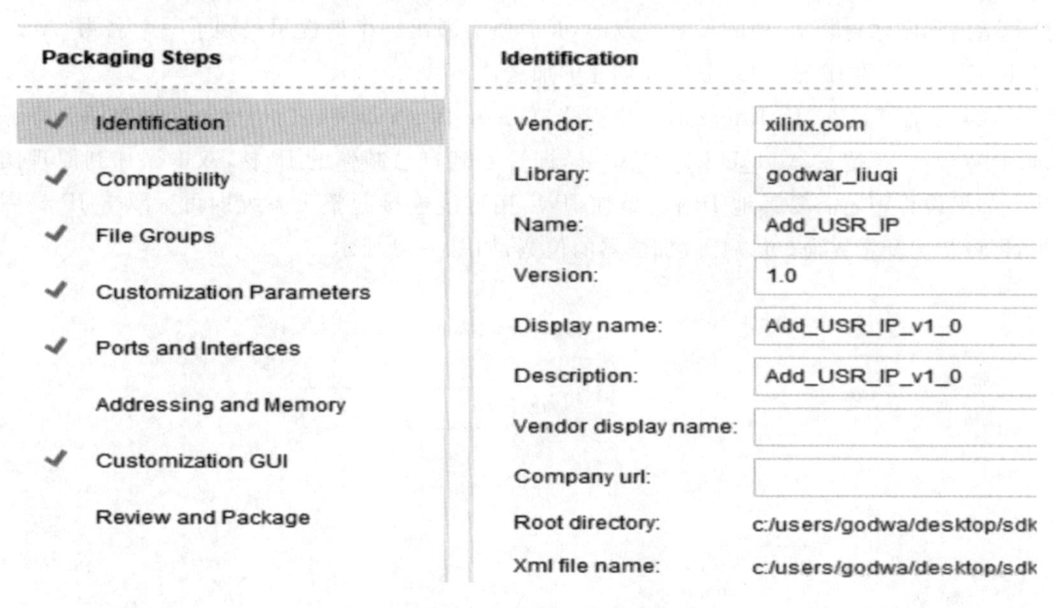


图 4-16　设置 IP 参数界面

② "Compatibility"，选择 Compatibility，给出了这个 IP 可以支持的 FPGA 系列，默认是支持全部系列。如果已经存在 artix7、kintex7、spartan7 和 zynq 可以略过此步。

③ "File Groups"，可以看到这个 IP 包含的文件，可以为这个 IP 添加一个仿真文件来验证其功能。

④ "Customization Parameters"，由于源程序中使用了 parameter 参数。打开上述界面的标签，设置参数 WIDTH，如图 4-17 所示。

| Name | Des... ^1 | Display ... | Value |
|---|---|---|---|
| ⌄ Customi... | | | |
| WIDTH | | Width | 1 |



图 4-17　设置加法器宽度范围

双击 WIDTH，将弹出一个参数设置框。里面可以指定这个参数在配置 IP 核里的格式以及是否可以被用户编辑。我们在这里将"Specify Range"勾选中，将 Type 更改为"Range of integers"，表示此参数可以选择的范围。将 Minimum 设置为 0，Maximum 设置为 31，表示该 IP 核最高可设置为 32 位的加法器。最后再将"Default Value"指定为 7，表示默认为 8 位加法器。

⑤ "Ports and Interfaces"中将看到 IP 核的管脚信息。

⑥ "Customization GUI"中将看到 IP 核的原理图图形。

⑦ “Review and Package”，没有问题后切换到此标签，观察 IP 核设置是否满意。

(7) “Package IP”，点击此标签，会提示成功生成 IP 核。

**2. 调用自己的 IP 核**

(1) 再另外新建一个工程，我们尝试调用刚才自己制作的 IP 核。建立好工程后先不添加源文件。在“Flow Navigator”的“Settings”中选中“IP”下的“Repository”，点击“＋”添加，路径指定到刚才封装 IP 核的目录。点击 ok 后便会弹出一个框提示找到了一个名为“Add_USR_IP_v1_0”的 IP 核，也就是刚才创建的加法器。

(2) 设置好后在“IP Integrator”中点击“Create Block Design”，创建一张原理图。在原理图中点击“＋”搜索 Add_USR_IP_v1_0，即可看到自己制作的 IP 核，双击添加到原理图中。如果设计中还需要其他 IP 核，添加 IP 后用连线连接起整个系统即可。双击 IP 核图形，即可弹出配置界面，可以更改加法器的位宽，如图 4-18 所示。

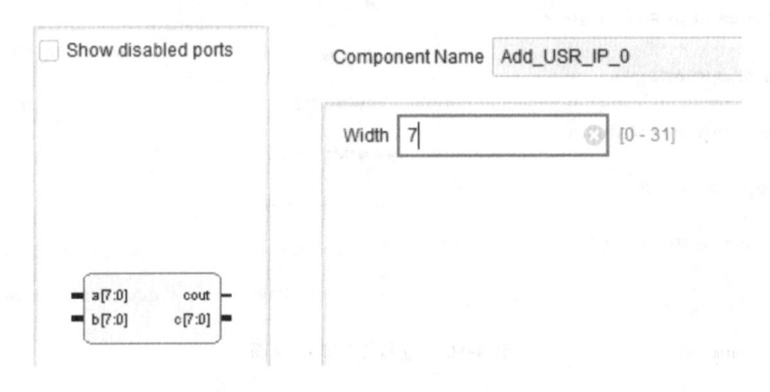


**图 4-18 设置加法器宽度及示意图**

(3) 这里我们不使用其他 IP，直接在 Add_USR_IP_v1_0 的管脚上右击，点击“Make External”生成管脚信号。结果如图 4-19 所示。

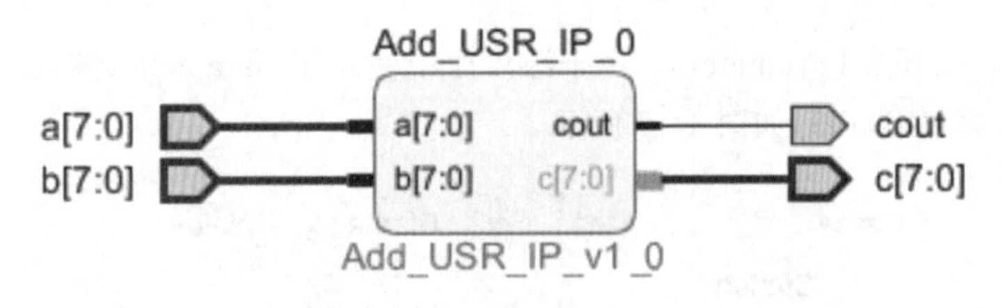


**图 4-19 八位加法器原理图**

(4) 在“Design Sources”中我们将看到有 bd 后缀的原理图文件。为了使用方便，保存原理图后我们在文件上点右键，点击“Create HDL Wrapper”，软件会将原理图封装为一个 Verilog 文件，这个 Verilog 文件可以供其他模块调用。

**3. 下载**

设计好后可以像普通的工程一样综合、实现、生成 bit 流，分配管脚参考管脚分配表 4-6，下载，观察结果。在开发板上观察验证两组八位二进制加法器计算结果。值得一提的是，在这个工程中我们是无法查看到 Add_USR_IP_v1_0 这个 IP 核的源码的，它是一个黑盒的状态。这也是 Vivado 提供的 IP 加密技术，以保护设计者的权益。

表4-6　位宽可调的八位加法器管脚分配表

| 程序中管脚名 | 实际管脚 FPGA I/O PIN | 说　明 |
| --- | --- | --- |
| A[7] | $P_5$ | 拨码开关 $SW_0$ |
| A[6] | $P_4$ | 拨码开关 $SW_1$ |
| A[5] | $P_3$ | 拨码开关 $SW_2$ |
| A[4] | $P_2$ | 拨码开关 $SW_3$ |
| A[3] | $R_2$ | 拨码开关 $SW_4$ |
| A[2] | $M_4$ | 拨码开关 $SW_5$ |
| A[1] | $N_4$ | 拨码开关 $SW_6$ |
| A[0] | $R_1$ | 拨码开关 $SW_7$ |
| B[7] | $U_3$ | DIP 开关 $DIP_0$ |
| B[6] | $U_2$ | DIP 开关 $DIP_1$ |
| B[5] | $V_2$ | DIP 开关 $DIP_2$ |
| B[4] | $V_5$ | DIP 开关 $DIP_3$ |
| B[3] | $V_4$ | DIP 开关 $DIP_4$ |
| B[2] | $R_3$ | DIP 开关 $DIP_5$ |
| B[1] | $T_3$ | DIP 开关 $DIP_6$ |
| B[0] | $T_5$ | DIP 开关 $DIP_7$ |
| cout | $F_6$ | 绿色 $LED_0$ |
| c[7] | $G_4$ | 绿色 $LED_1$ |
| c[6] | $G_3$ | 绿色 $LED_2$ |
| c[5] | $J_4$ | 绿色 $LED_3$ |
| c[4] | $H_4$ | 绿色 $LED_4$ |
| c[3] | $J_3$ | 绿色 $LED_5$ |
| c[2] | $J_2$ | 绿色 $LED_6$ |
| c[1] | $K_2$ | 绿色 $LED_7$ |
| c[0] | $K_1$ | 绿色 $LED_8$ |

### 4.4.4　实验内容

(1) 完成位宽可设置的加法器封装制定 IP 核。

(2) 分别调用四个一位全加器，用原理图设计法，生成自己的四位全加器，体会与前期程序的区别。

**思考**

(1) 如果想在 Verilog 源程序中直接调用前期生成的 IP 核，可不可以？该如何操作？

(2) 在调用 IP 的时候，WIDTH 设置值过大，会不会影响加法器的速度？WIDTH 设置值为多少，速度与资源利用率最优？

# 4.5 触发器四路竞赛抢答器 Verilog 实验

## 4.5.1 实验目的

（1）理解触发器和锁存器的区别，掌握对应的 Verilog 编写方法。

（2）理解掌握同步/异步复位/使能控制信号的区别，掌握对应的 Verilog 编写方法。调试并仿真。

（3）在理解四路竞赛抢答器原理图设计方式后，学习并掌握抢答器的 Verilog 设计方法。

## 4.5.2 实验原理

**1. 边沿触发型 D 触发器**

（1）边沿触发型 D 触发器波形图、逻辑符号如图 4-20 所示。

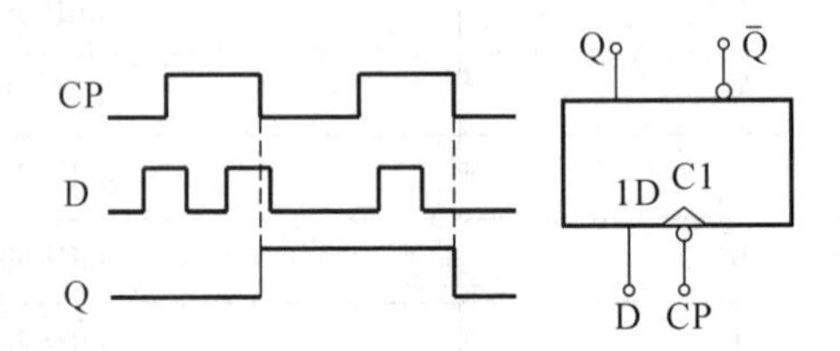


**图 4-20　边沿触发型 D 触发器波形图、逻辑符号**

（2）源码。

```
module DFF1 (
  input CLK,
  input D,
  output reg Q
  );
  always @ (posedge CLK)       //CLK 上升沿启动
  Q< = D;                  //CLK 有上升沿时，D 被锁入 Q
endmodule
仿真程序
`timescale 1ns/1ps
module DFF1_sim;
  reg CLK;
  reg D;
  wire Q;
  DFF1 DFF1 (
  .CLK(CLK),
  .D(D),
  .Q(Q),
  );
  initial begin// Initialize Inputs
```

```
        CLK= 0;
        D= 0;
        // Wait 100 ns for global reset to
        finish # 100;
        // Add stimulus here
        end
    always # 20 CLK= ~CLK;
    always # 30 D= ~D;
endmodule
```

**2. 电平触发型 D 触发器**

（1）电平触发型D触发器波形图、逻辑符号如图4-21所示。

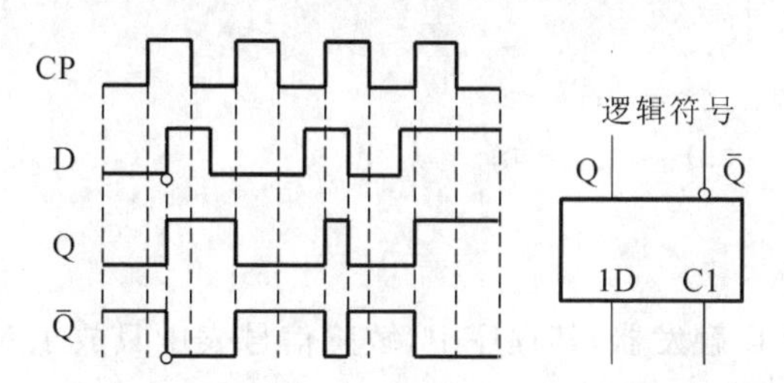


**图 4-21　电平触发型 D 触发器波形图、逻辑符号**

时钟CLK为高电平时，输出Q的数值才会随D输入的数据而改变，CLK为低电平时，将保存其在高电平时锁入的数据。

（2）源码。

```
module LATCH1 (
  input CLK,
  input D,
  output reg  Q
  );
  always @ (D or CLK)
      if (CLK) Q< = D;
endmodule
```

**3. 含异步复位/使能边沿触发型 D 触发器**

（1）含异步复位/使能边沿触发型D触发器逻辑符号、特性表如图4-22所示。

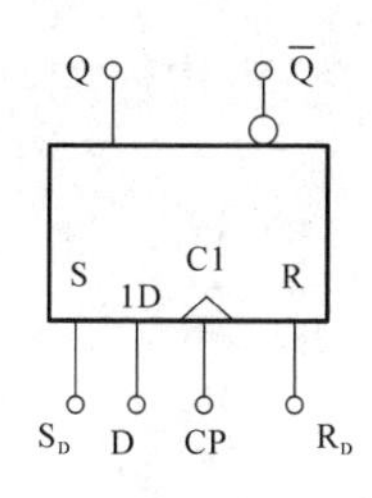


| CP | D | $R_D$ | $S_D$ | $Q^{n+1}$ | 注 |
|---|---|---|---|---|---|
| ↑ | 0 | 0 | 0 | 0 | 同步置0 |
| ↑ | 1 | 0 | 0 | 1 | 同步置1 |
| ↓ | × | 0 | 0 | $Q^n$ | 保持(↓无效) |
| × | × | 0 | 1 | 1 | 异步置1 |
| × | × | 1 | 0 | 0 | 异步置0 |
| × | × | 1 | 1 | 不用 | 不允许 |

**图 4-22　含异步复位/使能边沿触发型 D 触发器逻辑符号与特性表**

（2）源码。

含异步复位和同步使能的边沿 D 触发器，其“异步”指独立于时钟控制的控制端。异步复位 RST 指任何时刻，只要 RST＝0，触发器的输出端 Q 即刻被清零，与时钟状态无关。

```
module DFF2 (
  input CLK,
  input D,
  input RST,
  input EN,
  output reg  Q
  );
  always @ (posedge CLK or negedge RST)
      begin
          if (! RST)  Q< = 0;
          else if  (EN)    Q< = D;
      end
endmodule
```

含同步复位的边沿 D 触发器，其程序中，敏感信号表中只放了对 CLK 上升沿的敏感表述，表明此过程中所有其他输入信号都随时钟 CLK 而同步。

```
module DFF3(
  input CLK,
  input D,
  input RST,
  output reg  Q
  );
  always @ (posedge CLK)
      begin
          if  (RST= = 1)   Q= 0;
          else if  (RST= = 0)  Q= D;
      end
endmodule
```

**4. 四人抢答电路**

（1）四人抢答电路原理，详见 3.5 节所述，此处不再赘述。

（2）源码。

```
module qd(
  input CP,RST;
  input [3:0]D;
  output Q;
  );
  reg [3:0] Q1;
  reg CLK;
  always @ (posedge CLK or posedge RST)
      begin
```

```
            if (RST)  Q1< = 0;  else Q1< = D;
        end
    always @  (Q1 or CP)
    begin
        CLK< = CP&(~Q1[3]&~Q1[2]&~Q1[1]&~Q1[0]);
    end
    assign Q= Q1;
endmodule
```

### 4.5.3 实验步骤

(1) 分别创建工程,工程名为 flip-flop、QDQ。

(2) 新建 verilog hdl file。读懂范例程序,编写异步复位的触发器和锁存器程序,创建完成后,编写相应仿真程序,进行仿真。

(3) 理解四路竞赛抢答器实验原理,编写四路竞赛抢答器程序,参考表 3-10 分配管脚,下载之,观察结果。

### 4.5.4 实验内容

要求按本文所述的设计步骤进行,直到板卡显示符合设计要求为止。

(1) 读懂范例程序,编写异步复位/使能的触发器程序。分析仿真波形图,体会仿真结果的不同。

(2) 读懂范例程序,编写异步复位/使能的锁存器程序。分析仿真波形图。

(3) 设计一台可供 4 路竞赛抢答器,下载实现以下基本功能。

① 一个可以容纳 4 名选手或 4 个代表队比赛的抢答器。

② 设置一个系统清除开关,该开关由主持人控制。

③ 先做出判断的参赛者按下开关,对应的发光二极管点亮,同时,不再接收其他信号,直到主持人再次清除信号为止。

**思考**

(1) 异步时序电路和异步复位有何差别?

(2) 抢答器如果要直接显示抢答队的数字编号,该如何实现?

(3) 如果要设计供 8 路竞赛抢答器,该如何修改程序实现? 体会程序设计的灵活性。

## 4.6 动态扫描数码管显示实验

### 4.6.1 实验目的

(1) 掌握数码管动态扫描工作原理。

(2) 掌握任意频率时钟信号的产生方法。

(3) 掌握数码管动态扫描 Verilog HDL 程序编写。

## 4.6.2 实验原理

**1. 动态扫描显示原理简介**

部分内容参见 3.4 节。板卡上共八个共阴极数码管分 2 组各四个，采用动态扫描显示。为什么采用动态扫描显示呢？因为若同时点亮 4 个七段数码管，则总电流较大，FPGA 无法承担负荷；而且这个功率过大，散热很成问题。所以这个模块控制四位数码管动态扫描显示。

动态扫描显示的特点是，某时刻只让第一个数码管点亮，与此同时向数码管送出 0 的字形码；微短的时间后，再让第二个数码管点亮，与此同时送出 1 的字形码，以此类推，我们就能看到 0、1、2、3 的数字显示。那为什么每次只有一个亮，而我们看到的却是都亮呢，这是因为更换频率很高，当帧显示频率选用 1 kHz>24 Hz 时，利用发光管的余光和人眼视觉暂留作用，使人的感觉好像各位数码管同时都在显示，显示将不会闪烁。

开发板的结构是两组八个数码管，所以分两组设置。

**2. 源码**

```
module seg_8display (
  input wire clk,
  input wire rst_n,
  output reg [7 : 0] an,
  output reg [7 : 0] seg_0,
  output reg [7 : 0] seg_1
  );
  reg [15 : 0]      cnt;   //设置位扫描频率为 1 kHz,cnt 最大值为 100M/1k/2- 1= 49999
  reg [3 : 0]      dis_data;   //定义数码管位显示变量
  parameter CNT_MAX= 49999;
  always @ (posedge clk or negedge rst_n) //第一个 always
      if(! rst_n)
          cnt< = 0;
      else if(cnt= = CNT_MAX)
          cnt< = 0;
      else
          cnt< = cnt+ 1;    //数码管扫描计数器
  always @ (posedge clk   or negedge rst_n)            //第二个 always
      if(! rst_n)
          an< = 8'b1000_0000;
      else if((an= = 8'b0000_0001) && (cnt= = CNT_MAX))
          an< = 8'b1000_0000;
      else if(cnt= = CNT_MAX)
          an< = an> > 1;    //位扫描
  //- - - - - - - - - - - - - - - - - - - - - - - - - - - - - - - - - - - -
  always @ (* )                               //第三个 always
      if(! rst_n)
```

```
        dis_data= 0;
    else case(an)              //数码管位显示
        8'b1000_0000:    dis_data= 1;
        8'b0100_0000:dis_data= 2;
        8'b0010_0000:    dis_data= 3;
        8'b0001_0000:    dis_data= 4;
        8'b0000_1000:    dis_data= 5;
        8'b0000_0100:    dis_data= 6;
        8'b0000_0010:    dis_data= 7;
        8'b0000_0001:    dis_data= 8;

        default:;
    endcase
//-------------------------------------
always @ (* ) //                    第四个 always
    if(! rst_n)
        seg_0= 0;
    else case(dis_data)  //0组数码管译码
        4'b0000:    seg_0= ~8'b1100_0000;        //0
        4'b0001:    seg_0= ~8'b1111_1001;        //1
        4'b0010:    seg_0= ~8'b1010_0100;        //2
        4'b0011:    seg_0= ~8'b1011_0000;        //3
        4'b0100:    seg_0= ~8'b1001_1001;        //4
        4'b0101:    seg_0= ~8'b1001_0010;        //5
        4'b0110:    seg_0= ~8'b1000_0010;        //6
        4'b0111:    seg_0= ~8'b1111_1000;        //7
        4'b1000:    seg_0= ~8'b1000_0000;        //8
        4'b1001:    seg_0= ~8'b1001_0000;        //9
        4'b1010:    seg_0= ~8'b1000_1000;        //A
        4'b1011:    seg_0= ~8'b1000_0011;        //B
        4'b1100:    seg_0= ~8'b1100_0110;        //C
        4'b1101:    seg_0= ~8'b1010_0001;        //D
        4'b1110:    seg_0= ~8'b1000_0110;        //E
        4'b1111:    seg_0= ~8'b1000_1110;        //F
        default:    seg_0= ~8'b1100_0000;        //0
        endcase

always @ (* )           //第五个 always
    if(! rst_n)
        seg_1= 0;
    else case(dis_data)  //1组数码管译码
        4'b0000:    seg_1= 8'b0011_1111;         //0
        4'b0001:    seg_1= 8'b0000_0110;         //1
```

```
            4'b0010:     seg_1= 8'b0101_1011;        //2
            4'b0011:     seg_1= 8'b0100_1111;        //3
            4'b0100:     seg_1= 8'b0110_0110;        //4
            4'b0101:     seg_1= 8'b0010_1101;        //5
            4'b0110:     seg_1= 8'b0111_1101;        //6
            4'b0111:     seg_1= 8'b0000_0111;        //7
            4'b1000:     seg_1= 8'b0111_1111;        //8
            4'b1001:     seg_1= 8'b0110_1111;        //9
            4'b1010:     seg_1= 8'b0111_0111;        //A
            4'b1011:     seg_1= 8'b0111_1100;        //B
            4'b1100:     seg_1= 8'b0011_1001;        //C
            4'b1101:     seg_1= 8'b0101_1110;        //D
            4'b1110:     seg_1= 8'b0111_1001;        //E
            4'b1111:     seg_1= 8'b0111_0001;        //F
            default:      seg_1= 8'b0011_1111;       //0
            endcase
endmodule
```

代码分析：

由于开发板的结构是两组八个数码管，所以分两组设置。seg_0 与 seg_1 分别负责七段数码管的段选信号（包含 dp 点）。程序中有五个并行过程块 always 语句，代表五个并行的模块，它们之间相互独立，并行执行。always 语句的表示形式：always@（＜敏感信号表达式 event-expression＞），触发条件满足则执行。

使用时一般有以下两种用法。

（1）由输入信号中任意一个电平发生变化所引起的过程块。该过程块称为组合块。如下例所示：

```
    always @ (a or b)        // 实现与门
            y= a&b;
```

（2）由单个跳变沿引起的过程块同步块。由控制信号的跳变沿（下降沿或上升沿）启动的过程块通过综合可以生成同步逻辑。该过程块称为同步块。如下例所示：

```
    always @ (posedge clk)      //实现 D 触发器
            q< = d;
```

在程序中，第一个 always 过程块显然是模 50000 的计数器。第二个 always 很容易读懂，是一个移位寄存器，依次让八个数码管位选轮流为高电平，时间为 $50000\times T_{clk}$，即帧显示频率为 2000 Hz＞24 Hz。第三个 always 是一个编码器，给八个数码管编码。第四个 always、第五个 always 过程块是七段数码管的显示译码器。后三个 always 过程块均是组合逻辑。always @( * )敏感信号表达式缺省，语法上简洁、正确，表示输入信号的组合任何一个发生变化，则过程块执行。

### 4.6.3 实验步骤

（1）创建工程，工程名为 seg_8display。可以按以前的方式建立工程。

（2）编写代码，将上面介绍的源码在 vivado 界面编辑好。

（3）参考表 4-7 分配管脚，下载。观察板卡显示结果。

**表 4-7　四路竞赛抢答器管脚分配表**

| 程序中管脚名 | 实际管脚 FPGA I/O PIN | 说　　明 |
|---|---|---|
| clk | $P_{17}$ | 系统时钟引脚 100 M |
| rst_n | $P_{15}$ | 复位按键，按下时输出低电平 |
| an[7] | $G_1$ | 位选信号 DN1_$K_1$ 高电平有效 |
| an[6] | $F_1$ | 位选信号 DN1_$K_2$ 高电平有效 |
| an[5] | $E_1$ | 位选信号 DN1_$K_3$ 高电平有效 |
| an[4] | $G_6$ | 位选信号 DN1_$K_4$ 高电平有效 |
| an[3] | $G_2$ | 位选信号 DN0_$K_1$ 高电平有效 |
| an[2] | $C_2$ | 位选信号 DN0_$K_2$ 高电平有效 |
| an[1] | $C_1$ | 位选信号 DN0_$K_3$ 高电平有效 |
| an[0] | $H_1$ | 位选信号 DN0_$K_4$ 高电平有效 |
| seg_1[0] | $D_4$ | 1 组数码管 $A_1$ 高电平有效 |
| seg_1[1] | $E_3$ | 1 组数码管 $B_1$ 高电平有效 |
| seg_1[2] | $D_3$ | 1 组数码管 $C_1$ 高电平有效 |
| seg_1[3] | $F_4$ | 1 组数码管 $D_1$ 高电平有效 |
| seg_1[4] | $F_3$ | 1 组数码管 $E_1$ 高电平有效 |
| seg_1[5] | $E_2$ | 1 组数码管 $F_1$ 高电平有效 |
| seg_1[6] | $D_2$ | 1 组数码管 $G_1$ 高电平有效 |
| seg_1[7] | $H_2$ | 1 组数码管 LED1_DP 高电平有效 |
| seg_0[0] | $B_4$ | 0 组数码管 $A_0$ 高电平有效 |
| seg_0[1] | $A_4$ | 0 组数码管 $B_0$ 高电平有效 |
| seg_0[2] | $A_3$ | 0 组数码管 $C_0$ 高电平有效 |
| seg_0[3] | $B_1$ | 0 组数码管 $D_0$ 高电平有效 |
| seg_0[4] | $A_1$ | 0 组数码管 $E_0$ 高电平有效 |
| seg_0[5] | $B_3$ | 0 组数码管 $F_0$ 高电平有效 |
| seg_0[6] | $B_2$ | 0 组数码管 $G_0$ 高电平有效 |
| seg_0[7] | $D_5$ | 0 组数码管 LED0_DP 高电平有效 |

### 4.6.4　实验内容

要求按本书所述的设计步骤进行，直到测试电路逻辑功能符合设计要求为止。

（1）读懂代码，编写程序，在板卡上下载完成后八位数码管能够同时显示 12345678 八位数字。

（2）新建 project，修改自己的程序，在板卡上下载完成后，实现八位数码管同时显示自己学号的后 8 位数。

**思考**

如何利用系统自带 IP,生成 1 kHz 的频率?

## 4.7 计数器 Verilog 实验

### 4.7.1 实验目的

(1) 掌握具有加减功能的可逆计数器的 Verilog 编写方法。

(2) 掌握十进制可逆计数器的 Verilog 编写方法并调试仿真。

(3) 掌握用 Verilog 语言编写分频器的技巧并调试仿真。

### 4.7.2 实验原理

**1. 四位二进制加法计数器**

```
module counter_2(
  input clk,
  input rst,
  output reg [3:0] cnt
  );
  always @ (posedge clk or posedge rst)
  begin
      if(rst)
          cnt< = 0;
      else
          begin
              if(cnt= = 4'hf)
                  cnt< = 0;
              else
                  cnt< = cnt+ 1;
          end
  end
endmodule
```

代码分析:

此程序可实现一个 16 进制加法计数器功能。但是 $N$ 进制的计数器又如何编写程序呢?首先计算,增加 cnt 的位宽至 $m$ 位,$2^m \leqslant N$。然后运用 if 语句,cnt 计数清零。程序如下,为级联方便,增加 carry_ena 为向高位的进位。

**2. 十进制加法计数器**

```
module counter_10(
  input clk;
  input rst;
  output reg [3:0]cnt;
  output reg carry_ena;
```

```
);
always@ (posedge clk or posedge rst)
begin
    if(rst)
        cnt< = 4'b0;
    else
    begin
        if(cnt= = 4'd10)
            cnt< = 4'b0;
        else
            cnt< = cnt+ 1'b1;
    end
end
always@ (posedge clk or posedge rst)
begin
    if(rst)
        carry_ena< = 1'b0;
    else
        begin
        if(cnt= = 4'd10)
            carry_ena< = 1'b1;
        else
            carry_ena< = 1'b0;
        end
end
endmodule
```

代码分析：

此程序由两个 always 过程块组成，第一个 always 过程块显然是模 10 的计数器；第二个 always 过程块在 cnt 计数到 10，产生进位位输出。

**3. Verilog 语言编写分频器**

整数分频器的设计如下。

1）偶数倍分频

偶数分频器的实现非常简单，通过计数器计数就完全可以实现。如进行 $N$ 倍偶数分频，就可以通过由待分频的时钟触发计数器计数，当计数器从 0 计数到 $N/2-1$ 时，输出时钟进行翻转，并给计数器一个复位信号，以使下一个时钟从零开始计数。以此循环，就可以实现任意的偶数分频。

2）奇数倍分频

如进行三分频，以三个待分频时钟脉冲为一周期，在一周期内进行两次翻转，就可以实现。比如可以在计数器计数到 1 时，输出时钟进行翻转，计数到 2 时再次进行翻转。如此便实现了三分频，其占空比为 1/3 或 2/3。

如果要实现占空比为 50%的三分频时钟，可先采用两路分频。一路通过待分频时钟下降沿触发计数，通过上述方法，实现占空比为 1/3 或 2/3 的三分频；另一路通过待分频时钟上升沿触发计数进行三分频。然后对两路输出进行相或运算。

偶数分频源码：

```
module div_even(
  input clk,
  input rst,
  output reg clk_even,
  output reg [3:0] count
  );
  parameter N= 6;
  always @ (posedge clk)
      if(! rst)
      begin
          count< = 1'b0;
          clk_even< = 1'b0;
      end
      else
          if( count< N/2- 1)
              begin
              count< = count+ 1'b1;
              end
          else
              begin
              count< = 1'b0;
              clk_even< = ~clk_even;
              end
endmodule
```

**4. 产生时钟和复位信号的仿真模块**

```
initial
 begin
  reset= 1;
  clk= 0;
  # 300 reset= 0;
  # 500 reset= 1;
End
always  # 100 clk= ~clk;
```

## 4.7.3 实验步骤

(1) 创建工程，工程名为 counter。

(2) 读懂计数器范例程序，编写 24 进制加法计数器程序。

(3) 编写 testbench 仿真文件，进行仿真（详细步骤见 4.1）。

(4) 编写计数器程序，计算计数器模，将 100 MHz 的板载频率分频成 1 kHz。

### 4.7.4 实验内容

要求按本书所述的设计步骤进行,直到板卡显示符合设计要求为止。

(1) 读懂计数器范例程序,编写二十进制加法计数器程序。

(2) 读懂计数器范例程序,编写分频器程序,将100 MHz的板载频率分频成1 kHz。

(3) 编写仿真程序,观察仿真结果。

(4) 运用示波器观察分频器程序、输出频率为多少。

**思考**

占空比为50%的3分频时钟如何实现?

## 4.8 状态机设计序列检测器实验

### 4.8.1 实验目的

(1) 理解序列检测器的概念。

(2) 掌握状态机进程模板。

(3) 学习状态机程序的编写,初步学会编写时序逻辑状态机程序。

### 4.8.2 实验原理

**1. 序列检测器原理及状态转换图**

(1) 时序电路的传统设计方法如图4-23所示。

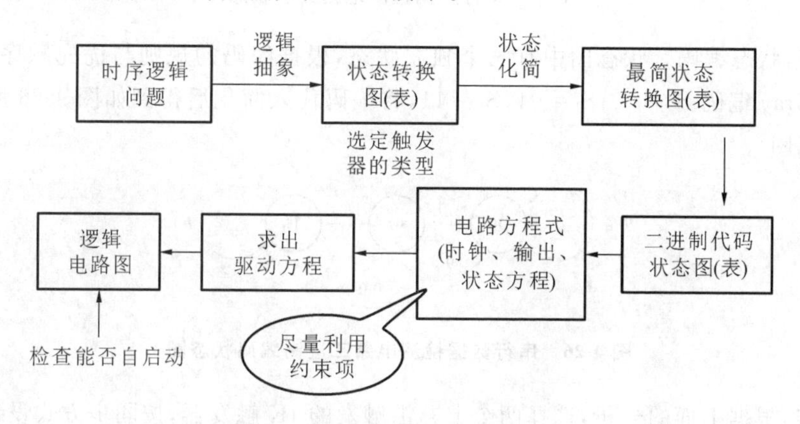


**图4-23 时序电路的传统设计方法**

(2) 序列检测器用于检测一组或多组由二进制码组成的脉冲序列信号,当序列检测器连续收到一组串行二进制码后,如果这组码与检测器中预先设置的码相同,则输出1,否则输出0。这种检测的关键在于正确码的收到必须是连续的,这就要求检测器必须记住前一次的正确码及正确序列,直到连续的检测中所收到的每一位码都与预置数的对应码相同,任何一位不相等都将回到初始状态重新开始检测。

比如,要求设计一个串行数据检测电路,要求输入3个连续以上数据1时输出为1,否则为0。

第一步,逻辑抽象。建立原始状态图。根据题意,序列检测器逻辑抽象输入 X,输出 Y,假设状态如下:

$S_0$——原始状态/初始状态(0/0)。

$S_1$——输入 1 个 1。

$S_2$——连续输入 2 个 1。

$S_3$——连续输入 3 或 3 个以上 1。

串行数据检测电路状态图如图 4-24 所示。

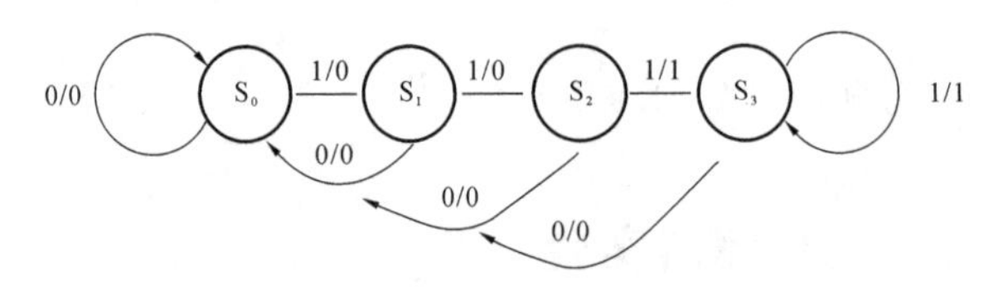


图 4-24 串行数据检测电路状态图

第二步,状态简化。图 4-24 所给出的状态图是完全图,根据状态等效条件,通过对原始状态图中每个状态所对应的输出和状态转移情况的分析可以找出最大的等效类,其结果为$(S_0)$,$(S_1)$,$(S_2$、$S_3)$,合并 $S_2$、$S_3$ 为一个类,记为 $S_2$ 类,从而可得简化后的最小状态图,如图 4-25所示。

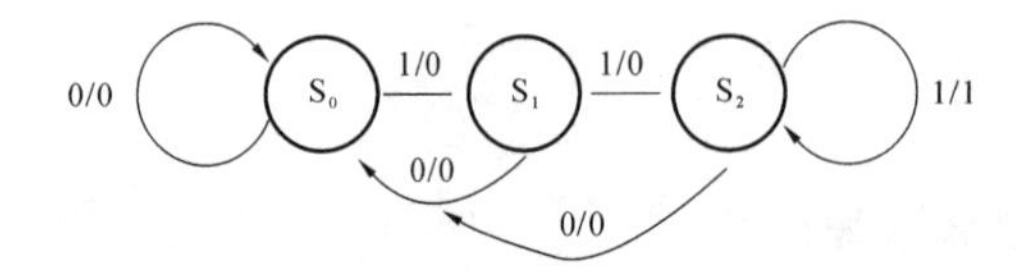


图 4-25 串行数据检测电路最小状态图

第三步,状态编码。状态图中有三个独立状态,根据编码的规则与优先顺序,状态编码可以采用 Gray 编码 $S_0=00$,$S_1=01$,$S_2=11$,将编码代入简化后得到如图 4-26 所示的二进制编码状态图。

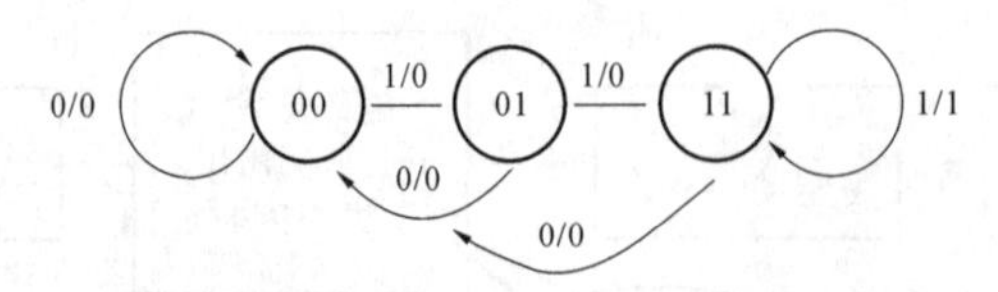


图 4-26 串行数据检测电路二进制编码状态图

第四步,根据上面的分析,选择两个上升沿触发的 JK 触发器,按同步方式设计电路。列出激励函数与输出函数表达式,再经过卡诺图化简得到下面的结果。

输出方程

$$Y = XQ_1^n$$

状态方程

$$Q_1^{n+1} = XQ_0^n、Q_0^{n+1} = X$$

代入特性方程,得到状态方程

$$Q_1^{n+1} = XQ_0^n = XQ_0^nQ_1^n + XQ_0^n\,\overline{Q_1^n} + XQ_1^n\,\overline{Q_0^n} = XQ_0^n + XQ_1^n\,\overline{Q_0^n}\text{(约束项加入化简)}$$

$$Q_0^{n+1} = X = XQ_0^n + X\,\overline{Q_0^n}$$

对比特性方程,得到驱动方程

$$J_1 = XQ_0^n \qquad J_0 = X$$
$$K_1 = \overline{X} \qquad K_0 = \overline{X}$$

第五步,画逻辑电路图。根据所给的激励函数和输出函数表达式,画出JK触发器对应的逻辑图,如图4-27所示。

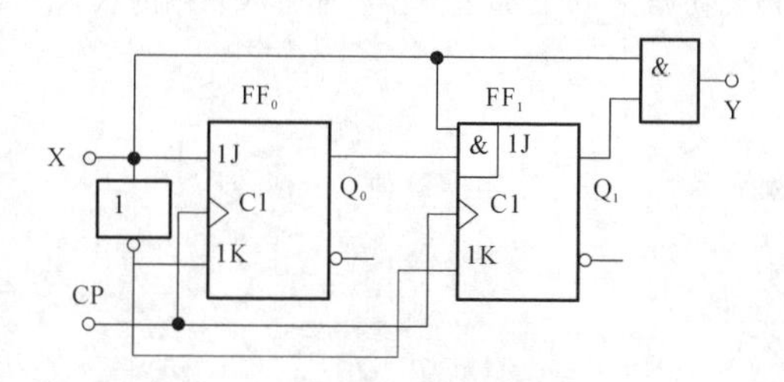


图4-27　串行数据检测电路逻辑图

**2. Verilog状态机设计技术**

有限状态机(finite state machine,FSM)一种重要的时序电路,在数字系统设计中有着非常重要的地位和作用,使用它可以较容易设计出复杂的数字系统,包含时序、组合逻辑电路,有异步和同步之分,广泛使用的是同步有限状态机。

状态机设计的一般步骤如下。

(1) 逻辑抽象,得出状态转换图。

(2) 状态化简。

如果在状态转换图中出现这样两个状态,它们在相同的输入下转换到同一状态去并得到一样的输出,则称它们为等价状态,可合并成一个。该操作可以由电脑完成。

(3) 状态分配:又称状态编码。

(4) 用Verilog HDL来描述有限状态机,使用always块语句和case(if)等条件语句及赋值语句即可方便实现。

状态机编程的重要依据是状态转移图,画出状态图可以使有限状态机的结构变得清晰,编写代码有下列三种风格。

一段式将状态转移寄存、状态译码和输出放在一个always块中。一段式可读性差,更重要的是这种风格不能被综合工具很好地识别,因而比较难被优化。

二段式有两个always块,一个完成状态转移寄存,另一个完成状态译码和输出。二段式把组合逻辑和时序逻辑分开,有较好的可读写功能,能被优化,但可能出现毛刺。

三段式中至少有两个always块,一个完成状态转移,另一个完成状态译码和输出,还对状态输出进行了寄存,有可能使用三个always块,也有可能是两个(本身已经对状态输出进行了寄存)。三段式在保留二段式优点的基础上,可以有效滤除毛刺,提高工作频率,只是资源占用略多,建议使用三段式写法。

三段式模板示例如下:

```
//第一个进程,同步时序 always 块,格式化描述次态寄存器迁移到现态寄存器
always @ (posedge clk or negedge rst_n)      //异步复位
  if(! rst_n)
  current_state< = IDLE;
```

```
  else
  current_state< = next_state;   //次态变现态,非阻塞赋值
//第二个进程,组合逻辑 always 块,描述状态转移条件判断
always @ (current_state)          //电平触发
  begin
  next_state= X;  //要初始化,使得系统复位后能进入正确的状态
  case(current_state)
  S1:if(...)
     next_state= S2;          //阻塞赋值
  ...
  endcase
  end
//第三个进程,同步时序 always 块,格式化描述次态寄存器输出
always @ (posedge clk or negedge rst_n)
...//初始化
  begin
  case(next_state)
  S1:  out1< = 1'b1;                    //注意是非阻塞逻辑
  S2:  out2< = 1'b1;
  default:...       //default 的作用是免除综合工具综合出锁存器
  endcase
end
```

**3. 源码**

```
module SCHK (
  input CLK,
  input X,
  input rst_n,
  output reg Y
  );
  parameter s0= 2'b00,s1= 2'b01,s2= 2'b11,s3= 2'b10;
  reg [3:0] current_state,next_state;
  always @ (posedge CLK or posedge RST)
  begin
     if (! rst_n)  current_state< = s0;  else current_state< = next_state;
  end
  always @ (current_state or X) begin //111 串行输入,高位在前
     case (current_state)
     s0:if (X= = 1'b1)   next_state< = s1;  else next_state< = s0;
     s1:if (X= = 1'b1)   next_state< = s2;  else next_state< = s0;
     s2:if (X= = 1'b1)   next_state< = s3;  else next_state< = s0;
     s3:if (X= = 1'b1)   next_state< = s3;  else next_state< = s0;
     default:next_state< = s0;
```

```
        endcase
        end
    always @ (posedge CLK) //assign Y= (current_state= = s3);
    case (current_state)
    s0:if (X= = 1'b1)   Y< = 0;
    s1:if (X= = 1'b1)   Y< = 0;
    s2:if (X= = 1'b1)   Y< = 0;
    s3:if (X= = 1'b1)   Y< = 1;
    default:Y< = 0;
    endcase
endmodule
```

代码分析：

(1) 与时序电路的传统设计方法步骤一致，不难理解用 Verilog HDL 来套用状态机三段式模板是相当容易的，只需要把状态转换图输出状态代入就可以了。通过观察源码我们就会明白这一点。第三个进程，同步时序 always 块，可以用 assign Y=(current_state==s3);替代。

(2) Verilog 语言编码设计的三段式状态机可以轻松地在 FPGA 上实现序列检测器，对比传统的方法更简单，传统方法的第二步至第五步都可以交给 EDA 软件完成，大大降低了设计的烦琐度。同时，便于阅读、理解、维护，更重要的是利于综合器优化代码，利于用户添加合适的时序约束条件，利于布局布线器实现设计。

### 4.8.3 实验步骤

(1) 创建工程，工程名为 SCHK。

(2) 理解状态机三段式模板，读懂范例程序，编写输入程序，综合，参考表 4-8 分配管脚，下载之。观察结果。

**表 4-8 串行数据检测电路管脚分配表**

| 程序中管脚名 | 实际管脚 FPGA I/O PIN | 说　明 |
|---|---|---|
| clk | $P_{17}$ | 系统时钟引脚 100 MHz |
| rst_n | $P_{15}$ | 复位按键，按下时输出低电平 |
| X | $P_5$ | 拨码开关 $SW_0$ |
| Y | $F_6$ | 绿色 $LED_0$ |

### 4.8.4 实验内容

(1) 要求设计一个串行数据检测电路，要求输入 3 个连续以上数据 1 时输出为 1，否则为 0。输出接 LED 灯，用来显示序列产生器的输出。

(2) 自行设计一个串行数据检测电路，输入数据自拟。要求输出端接蜂鸣器，实现简易音乐播放器，用来播放自拟歌曲。

## 4.9 4 位简易数字钟 Verilog 实验

### 4.9.1 实验目的

（1）掌握数字钟的工作原理。

（2）掌握数字钟各模块 Verilog HDL 程序的编写。

（3）掌握多层次方式设计数字钟系统。

### 4.9.2 实验原理

**1. 原理框图**

实验原理如图 4-28 所示。

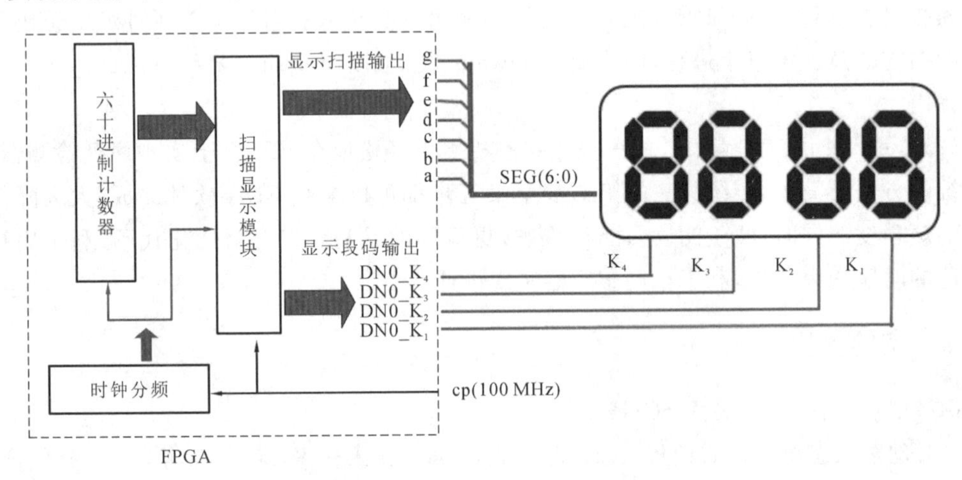


**图 4-28　4 位简易数字钟原理框图**

**2. 各模块源码**

参考第 3.7 节 4 位十六进制计数器显示实验，学习如下各 IP 源程序，类似的原理不再赘述。

（1）六十进制计数模块。

模 $2^{16}$ 的计数器：

```
module counter_60(
  input CLK,
  output reg [15:0]Q
  );
  always@ (posedge CLK)
  begin
      Q< = Q+ 1;
  end
endmodule
```

很明显，4 位简易数字钟显示六十进制的秒和分，二进制计数器不能满足需求，要稍加修改,将16位输出Q由低到高位拆成4组4位二进制数据。每4位二进制数据实现8421BCD码。4组4位二进制数据合起来就是4组十进制数。模六十的计数器,计数编码是BCD码,代码如下:

```
module counter_60bcd(
  input CLK,
  output reg [15:0] Q
  );
  always@ (posedge CLK)
  begin
      if(Q[3:0]= = 9)
          begin
          Q[3:0]< = 0;
          if(Q[7:4]= = 5)
              begin
              Q[7:4]  < = 0;
              if(Q[11:8]= = 9)
                  begin
                  Q[11:8]  < = 0;
                  if(Q[15:12]= = 5)
                      Q[15:12]  < = 0;
                  else
                      Q[15:12]  < = Q[15:12] + 1;
                  end
              else
                  Q[11:8]  < = Q[11:8] + 1;
              end
          else
              Q[7:4]  < = Q[7:4] + 1;
          end
      else
          Q[3:0]< = Q[3:0]+ 1;
  end
```

(2) 显示译码模块。

这个模块控制4位数码管动态扫描显示。当帧显示频率选用400 Hz>24 Hz时,显示将不会闪烁。在模块中x[15:0]会被拆成4组4位二进制数据分别显示译码,配合an[3:0]控制四位数码管扫描显示。

```
module seg7_hex(
  input       [15:0] x,
  input       clk,
  input       clr,
  output reg  [6:0]  a_to_g,
  output reg  [3:0]  an,
```

```
  output wire      dp
  );
 wire [1:0]  s;
 wire [3:0]  aen;
 reg  [3:0]  digit;
 reg  [19:0] clkdiv;
 assign dp= 1'b0;
 assign aen= 4'b1111;
 assign s  = clkdiv[19:18];
   always @ (posedge clk or negedge clr)
   begin
     if( clr= = 0)
       clkdiv< = 0;
     else
       clkdiv< = clkdiv+ 1;
 end
   always @ (posedge clk)
   case(s)
       2'd0:    digit= x[15:12];
       2'd1:    digit= x[11:8];
       2'd2:    digit= x[7:4];
       2'd3:    digit= x[3:0];
       default:digit= x[3:0];
   endcase
 always @ (* )
   begin
     an= 4'b0000;
     if(aen[s]= = 1)
        an[s]= 1;      //扫描频率 100 MHz/2^18,约等于 400 Hz
   end
 always @ (* )                //共阴极显示译码模块
   case(digit)
       0:        a_to_g= 7'b0111111;
       1:        a_to_g= 7'b0000110;
       2:        a_to_g= 7'b1011011;
       3:        a_to_g= 7'b1001111;
       4:        a_to_g= 7'b1100110;
       5:        a_to_g= 7'b1101101;
       6:        a_to_g= 7'b1111101;
       7:        a_to_g= 7'b0000111;
       8:        a_to_g= 7'b1111111;
       9:        a_to_g= 7'b1101111;
       'hA:      a_to_g= 7'b1110111;
```

```
        'hB:     a_to_g= 7'b1111100;
        'hC:     a_to_g= 7'b1100001;
        'hD:     a_to_g= 7'b1011110;
        'hE:     a_to_g= 7'b1111001;
        'hF:     a_to_g= 7'b1110001;
      default:a_to_g= 7'b1111111;
    endcase
  endmodule
```

乍一看，好像没有帧显示频率，其实它隐藏在第二个always块里面，帧显示频率约等于400 Hz，s为$2^{18} \times T_{clk}$，分别为0、1、2、3。

(3) 分频模块。

分频模块本质上就是计数器，只要在程序中设置计数器模的大小，调整计算输出clk_sys与输入clk的比例，很容易明白系统时钟clk频率100 MHz可分频为1 Hz。

```
module clk_div(
  clk,              //100 MHz
  clk_sys           //1 Hz
  );
input clk;
output clk_sys;
reg clk_sys= 0;
reg [25:0]  div_counter= 0;
always @ (posedge clk) begin
  if(div_counter> = 50000000)
      begin
        clk_sys< = ~clk_sys;
        div_counter< = 0;
      end
  else
      div_counter< = div_counter+ 1;
  end
endmodule
```

(4) 顶层例化语句程序。

仔细体会，顶层例化语句程序与顶层原理图调用模式描述的对象是一样的，但是前者采用的是HDL语言，抽象、不直观，可以采用图文混合的形式，在顶层用原理图输入法，直观具体。两种方式选一即可。

```
module simple_clocktop(
  output [6:0]a_to_g,
  output [3:0]an,
  input clk,
  input clr,
  output dp
  );
```

```
    wire [15:0]c_counter_binary_1_Q;
    wire clk_1;
    wire clk_div_1 Hz_1_clk_sys;
    wire clr_1;
    wire [6:0]seg7_hex_0_a_to_g;
    wire [3:0]seg7_hex_0_an;
    wire seg7_hex_0_dp;

    assign a_to_g[6:0]= seg7_hex_0_a_to_g;
    assign an[3:0]= seg7_hex_0_an;
    assign clk_1= clk;
    assign clr_1= clr;
    assign dp= seg7_hex_0_dp;
  counter_60bcd U1
       (.CLK(clk_div_1 Hz_1_clk_sys),
        .Q(c_counter_binary_1_Q));
  clk_div U2
       (.clk(clk_1),
        .clk_sys(clk_div_1 Hz_1_clk_sys));
  seg7_hex U3
       (.a_to_g(seg7_hex_0_a_to_g),
        .an(seg7_hex_0_an),
        .clk(clk_1),
        .clr(clr_1),
        .dp(seg7_hex_0_dp),
  .x(c_counter_binary_1_Q));
  endmodule
```

### 4.9.3 实验步骤

(1) 创建工程,工程名为 simple_clock。可以按以前的方式建立工程。

(2) 编写代码,将上面介绍的源码在 Vivado 界面编辑好。

(3) 参考表 3-14 分配管脚,下载。

### 4.9.4 实验内容

要求按本书所述的设计步骤进行,直到测试电路逻辑功能符合设计要求为止。

(1) 用例化语句两层次化设计六十进制计数器模块。

(2) 在板卡上下载完成后,4 位数码管能够以 1 秒的速度显示(0000~5959) 分、秒 4 位数字钟。

(3) 自己编程实现带时、分、秒的数字时钟,并能调整时间。

**思考**

可否进行功能扩展,设计一个能进行时、分、秒计时的十二小时制或二十四小时制的数字钟,并具有定时与闹钟功能,能在设定的时间发出闹铃音,能非常方便地对小时、分钟和秒进行手动调节以校准时间,每逢整点,产生报时音报时。

## 4.10 ADC0809实验

### 4.10.1 实验目的

(1) 理解ADC0809的转换原理。

(2) 掌握Verilog状态机设计技术。

(3) 理解FPGA控制ADC0809转换的时序。

### 4.10.2 实验原理

**1. 状态机三段式模板**

参见前文所述序列检测器设计,此处不再赘述。

**2. ADC0809 转换原理**

ADC0809是带有8位A/D转换器、8路多路开关以及微处理机兼容的控制逻辑的CMOS组件。它是逐次逼近式A/D转换器。对输入模拟量的要求:在转换过程中应该保持不变,如若模拟量变化太快,则需在输入前增加采样信号单极性;电压范围是0~5 V,若信号太小,必须进行放大。

(1) ADC0809引脚结构。

ADC0809芯片有28条引脚,采用双列直插式封装,如图4-29所示。下面说明各引脚功能。

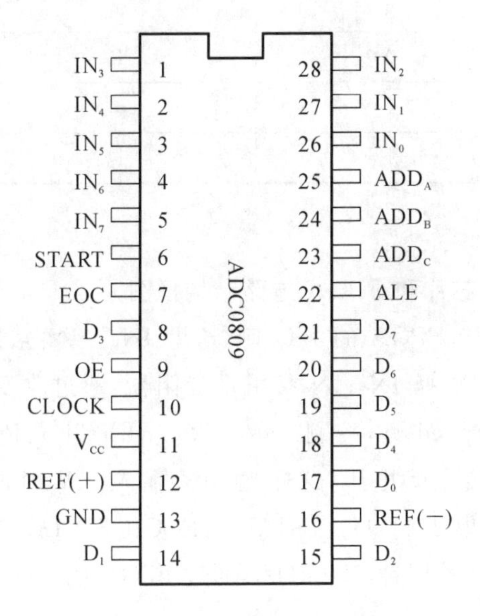


图4-29 ADC0809引脚图

$D_7 \sim D_0$:8位数字量输出引脚。

$IN_0 \sim IN_7$:8位模拟量输入引脚。

$V_{cc}$:+5 V 工作电压。

GND:地。

REF(+):参考电压正端。

REF(-):参考电压负端。

START:A/D 转换启动信号输入端。

ALE:地址锁存允许信号输入端。

(START 和 ALE 两种信号用于启动 A/D 转换)。

EOC:转换结束信号输出端,开始转换时为低电平,当转换结束时为高电平。

OE:输出允许控制端,用以打开三态数据输出锁存器。

CLOCK(CLK):时钟信号输入端(一般为 500 kHz)。

$ADD_A$、$ADD_B$、$ADD_C$:地址输入线。

ALE 为地址锁存允许信号输入端,高电平有效。当 ALE 端为高电平时,地址锁存与译码器将 $ADD_A$、$ADD_B$、$ADD_C$ 三条地址线的地址信号进行锁存,经译码后被选中的通道的模拟量进转换器进行转换。$ADD_A$、$ADD_B$、$ADD_C$ 为地址输入线,用于选通 $IN_0$～$IN_7$ 上的一路模拟量输入。通道选择表如表 4-9 所示。

**表 4-9 地址信号对应通道选择表**

| $ADD_C$ | $ADD_B$ | $ADD_A$ | 选择的通道 |
|---|---|---|---|
| 0 | 0 | 0 | $IN_0$ |
| 0 | 0 | 1 | $IN_1$ |
| 0 | 1 | 0 | $IN_2$ |
| 0 | 1 | 1 | $IN_3$ |
| 1 | 0 | 0 | $IN_4$ |
| 1 | 0 | 1 | $IN_5$ |
| 1 | 1 | 0 | $IN_6$ |
| 1 | 1 | 1 | $IN_7$ |

(2) 电路结构框图。

图 4-30 所示为 ADC 芯片和 FPGA 电路结构框图。

$ADD_A$、$ADD_B$、$ADD_C$接 FPGA 的 I/O 口,这里 $IN_1$～$IN_7$空出,只用 $IN_0$,所以 $ADD_A$、$ADD_B$、$ADD_C$ 赋值为 000,选择 $IN_0$;$IN_0$ 接滑动变阻器,通过改变电压作为模拟输入;$Q_0$～$Q_7$分别接实验箱上的 8 个 led 灯,控制 led 亮灭。REF(+)、REF(-)是参考电压输入,REF(-)接地,REF(+)接 5 V 电压,这样,当 $IN_0$ 输入 0 V 时,$D_0$～$D_7$ 输出 00000000;当 $IN_0$ 输入 5 V 时,$D_0$～$D_7$ 输出 11111111。START、EOC、OE、CLK、ALE 为控制引脚,接 FPGA 的 I/O 口。CLK 为 ADC 工作时钟(500 kHz),通过 FPGA 的 100 MHz 时钟分频得到。

程序中包含三个过程结构:

时序过程 REG:在 CLK 的驱动下,不断将 next_state 中的内容(状态元素)赋给现态 current_state,并由此信号将状态变量传输给 COM 组合过程。

组合过程 COM:① 状态译码功能。根据从现态信号 current_state 中获得的状态变量,

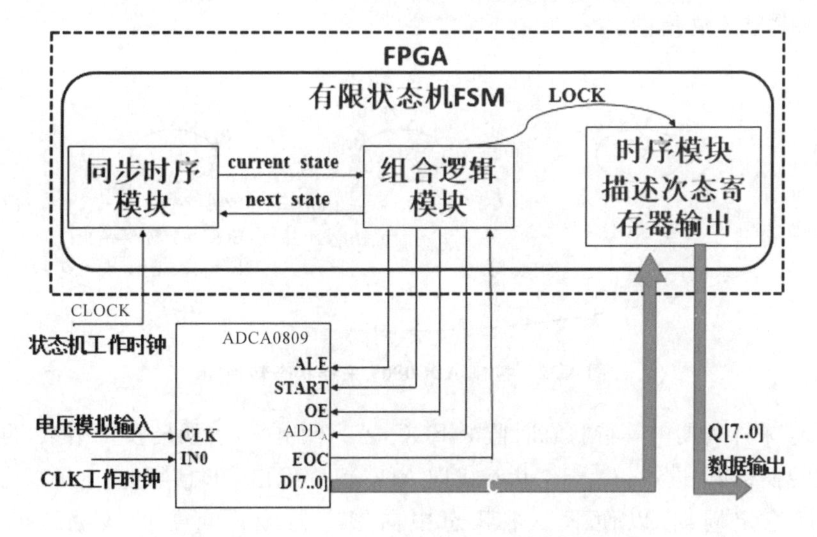


图 4-30　ADC 芯片和 FPGA 电路结构框图

以及来自 ADC0809 的状态线信号 EOC，选择下一状态的转移方向，即次态的状态变量。② 采样控制功能。根据 current_state 中的状态变量确定对 ADC0809 的控制信号 ALE、START、OE 等输出相应控制信号，当采样结束后还要通过 LOCK 向锁存器辅助过程 LATCH 发出锁存信号。

锁存器辅助过程 LATCH：将由 ADC0809 的 D[7..0]数据输出口输出的 8 位已转换好的数据锁存起来。

(3) 工作时序。

图 4-31 所示为 ADC0809 工作时序。

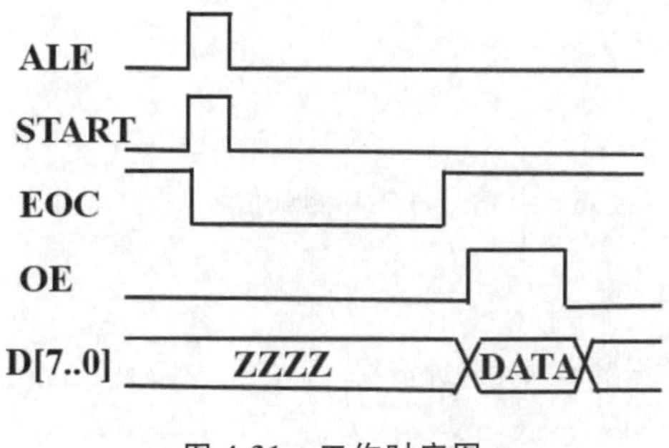


图 4-31　工作时序图

① ALE 为模拟信号输入选通端口地址锁存信号，上升沿有效。START 为转换启动控制信号，高电平有效。给 START 一个正脉冲。上升沿时，所有内部寄存器清零。下降沿时，开始进行 A/D 转换；在转换期间，START 保持低电平。

② EOC 为转换结束信号。在上述的 A/D 转换期间，可以对 EOC 进行不间断检测，EOC 为高电平，表明转换工作结束；否则，表明正在进行 A/D 转换。转换时间约为 100 $\mu$s。

③ 当 A/D 转换结束后，将 OE 设置为 1，这时 $D_0 \sim D_7$ 的数据便可以读取了。

OE＝0，$D_0 \sim D_7$ 输出端为高阻态；OE＝1，$D_0 \sim D_7$ 端输出转换的数据。

(4) 状态转换图。

工作时序图可以按照第 4.8 节时序电路的传统设计方法得到，图 4-32 所示为控制

ADC0809 采样状态转换图。

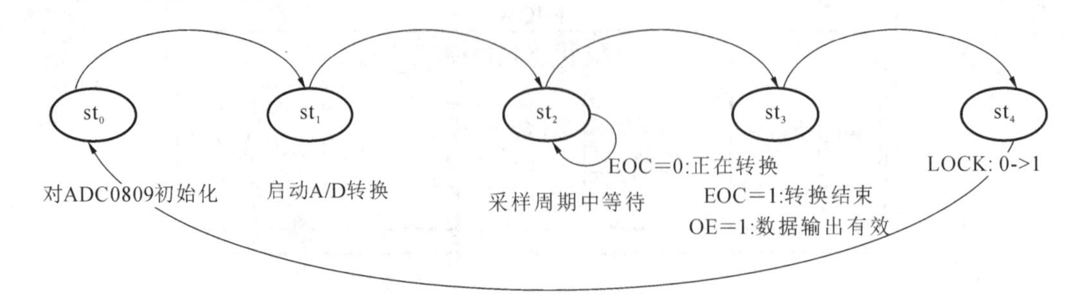


**图 4-32　控制 ADC0809 采样状态转换图**

其中 $st_2$ 采样周期中等待状态时监测 EOC，若为低电平，表明转换未结束，再等待；若为高电平，则转换结束，进入 $st_3$。$st_3$ 状态机向 ADC0809 发出 OE 信号（高电平），允许输出，同时作为数据稳定周期，以便下一个状态中向锁存器锁入可靠的数据。$st_4$ 状态机向 ADC0809 发出 LOCK 信号（上升沿），将 ADC0809 输出的数据进行锁存。

**3. 源码**

```
module ADC0809(
  input clk,// FPGA 的 100 MHz 时钟
  input rst_n,//状态机工作时钟和系统复位控制
  input EOC,//转换状态指示,低电平表示正在转换
  input[7:0] D;//来自 ADC0809 转换好的 8 位数据
  output reg ALE,// 8 个模拟信号通道地址锁存信号
  output reg START,
  output reg OE,//转换启动信号和数据输出三态控制信号
  output ADDA,
  output ADDB,
  output ADDC,
  output LOCK_T,//信号通道控制信号和锁存测试信号
  output reg[7:0] Q
  );
  reg LOCK;//转换后数据输出锁存时钟信号
  reg[4:0] current_state,next_state;
  reg[7:0] REGL;
  parameter s0=0,s1=1,s2=2,s3=3,s4=4;//定义各状态子类型
  assign ADDA=0;
  assign ADDB=0;
  assign ADDC=0;
  always@ ( current_state or EOC)
      begin
      case(current_state)
      s0:begin ALE=0;START=0;OE=0;LOCK=0;next_state< =s1;end //ADC0809 初始化
      s1:begin ALE=1;START=1;OE=0;LOCK=0;next_state< =s2;end //启动采样信号 START
```

```
        s2:begin ALE=0;START=0;OE=0;LOCK=0;
            if (EOC==1'b1)   next_state< =s3; //如果 EOC=0,转换结束
            else next_state< =s2;end //转换未结束,继续等待
        s3:begin ALE=0;START=0;OE=1;LOCK=0; //开启 OE,打开 AD 数据口
            next_state< =s4;end //下一状态无条件转向 s4
        s4:begin ALE=0;START=0;OE=1;LOCK=1; //开启数据锁存信号
            next_state< =s0;end
        default:begin ALE=0;START=0;OE=0;LOCK=0;
            next_state< =s0;end
        endcase
        end
    always @ (posedge clk or posedge rst_n)
        if (rst_n)  CS< =s0;  else CS< =next_state;
    always @  (posedge LOCK)
        if (LOCK)  REGL< =D; //在 LOCK 上升沿将转换好的数据锁入
    assign Q=REGL;
    assign LOCK_T=LOCK; //将测试信号输出
endmodule
```

### 4.10.3 实验步骤

(1) 创建工程,工程名为 ADC0809。可以按以前的方式建立工程。

(2) 编写代码,将上面介绍的源码在 Vivado 界面编辑好。

(3) 参考表 4-10 分配管脚,下载之。观察板卡显示结果。

**表 4-10　四路竞赛抢答器管脚分配表**

| 程序中管脚名 | 实际管脚 FPGA I/O PIN | 说　明 |
| --- | --- | --- |
| clk | $P_{17}$ | 系统时钟引脚 100 MHz |
| rst_n | $P_{15}$ | 复位按键,按下时输出低电平 |
| EOC | $B_{16}$ | 通用扩展 I/O |
| D[7] | $B_{17}$ | 通用扩展 I/O |
| D[6] | $A_{15}$ | 通用扩展 I/O |
| D[5] | $A_{16}$ | 通用扩展 I/O |
| D[4] | $A_{13}$ | 通用扩展 I/O |
| D[3] | $A_{14}$ | 通用扩展 I/O |
| D[2] | $B_{18}$ | 通用扩展 I/O |
| D[1] | $A_{18}$ | 通用扩展 I/O |
| D[0] | $F_{13}$ | 通用扩展 I/O |
| ALE | $F_{14}$ | 通用扩展 I/O |
| START | $B_{13}$ | 通用扩展 I/O |
| OE | $B_{14}$ | 通用扩展 I/O |

续表

| 程序中管脚名 | 实际管脚 FPGA I/O PIN | 说　　明 |
|---|---|---|
| ADDA | $D_{14}$ | 通用扩展 I/O |
| ADDB | $C_{14}$ | 通用扩展 I/O |
| ADDC | $B_{11}$ | 通用扩展 I/O |
| LOCK_T | $F_6$ | $LED_0$ |
| Q[7] | $G_4$ | $LED_1$ |
| Q[6] | $G_3$ | $LED_2$ |
| Q[5] | $J_4$ | $LED_3$ |
| Q[4] | $H_4$ | $LED_4$ |
| Q[3] | $J_3$ | $LED_5$ |
| Q[2] | $J_2$ | $LED_6$ |
| Q[1] | $K_2$ | $LED_7$ |
| Q[0] | $K_1$ | $LED_8$ |

### 4.10.4 实验内容

要求按本书所述的设计步骤进行,直到测试电路逻辑功能符合设计要求为止。

(1) 在板卡上下载完成后,观察结果。

(2) 通过滑动变阻器改变 ADC0809 输入电压,经过模数转换后,输出 8 路电平控制 8 个 Led 灯亮灭。

**思考**

如果要实现数码管显示滑动变阻器分得的电压值,程序又该如何编写?

# 附录A　EGo1 开发板用户手册

**1. 概述**

EGo1 是依元素科技基于 Xilinx Artix-7 FPGA 研发的便携式数模混合基础教学平台。EGo1 配备的 FPGA(XC7A35T-CSG324C)具有大容量高性能等特点,能实现较复杂的数字逻辑设计;在 FPGA 内可以构建 MicroBlaze 处理器系统,可进行 SoC 设计。该平台拥有丰富的外设,以及灵活的通用扩展接口。

平台外设概览如附表 A-1 所示。

附表 A-1　平台外设概览

| 编　　号 | 描　　述 | 编　　号 | 描　　述 |
|---|---|---|---|
| 1 | VGA 接口 | 10 | 5 个按键 |
| 2 | 音频接口 | 11 | 1 个模拟电压输入 |
| 3 | USB 转 UART 接口 | 12 | 1 个 DAC 输出接口 |
| 4 | USB 转 JTAG 接口 | 13 | SRAM 存储器 |
| 5 | USB 转 PS2 接口 | 14 | SPI FLASH 存储器 |
| 6 | 2 个 4 位数码管 | 15 | 蓝牙模块 |
| 7 | 16 个 LED 灯 | 16 | 通用扩展接口 |
| 8 | 8 个拨码开关 | | |
| 9 | 1 个 8 位 DIP 开关 | | |

**2. FPGA**

EGo1 采用 Xilinx Artix-7 系列 XC7A35T-1CSG324C FPGA,其资源如附图 A-1 所示。

| | Part Number | XC7A12T | XC7A15T | XC7A25T | XC7A35T |
|---|---|---|---|---|---|
| Logic Resources | Logic Cells | 12,800 | 16,640 | 23,360 | 33,280 |
| | Slices | 2,000 | 2,600 | 3,650 | 5,200 |
| | CLB Flip-Flops | 16,000 | 20,800 | 29,200 | 41,600 |
| Memory Resources | Maximum Distributed RAM (Kb) | 171 | 200 | 313 | 400 |
| | Block RAM/FIFO w/ ECC (36 Kb each) | 20 | 25 | 45 | 50 |
| | Total Block RAM (Kb) | 720 | 900 | 1,620 | 1,800 |
| Clock Resources | CMTs (1 MMCM + 1 PLL) | 3 | 5 | 3 | 5 |
| I/O Resources | Maximum Single-Ended I/O | 150 | 250 | 150 | 250 |
| | Maximum Differential I/O Pairs | 72 | 120 | 72 | 120 |
| Embedded Hard IP Resources | DSP Slices | 40 | 45 | 80 | 90 |
| | PCIe® Gen2[1] | 1 | 1 | 1 | 1 |
| | Analog Mixed Signal (AMS) / XADC | 1 | 1 | 1 | 1 |
| | Configuration AES / HMAC Blocks | 1 | 1 | 1 | 1 |
| | GTP Transceivers (6.6 Gb/s Max Rate)[2] | 2 | 4 | 4 | 4 |
| Speed Grades | Commercial | -1, -2 | -1, -2 | -1, -2 | -1, -2 |
| | Extended | -2L, -3 | -2L, -3 | -2L, -3 | -2L, -3 |
| | Industrial | -1, -2, -1L | -1, -2, -1L | -1, -2, -1L | -1, -2, -1L |

附图 A-1　资源库

**3. 板卡供电**

EGo1 提供两种供电方式:Type-C 和外接直流电源。EGo1 提供了一个 Type-C 接口,功能为 UART 和 JTAG,该接口可以用于为板卡供电。板卡上提供电压转换电路将 Type-C 输入的 5 V 电压转换为板卡上各类芯片需要的工作电压。上电成功后红色 LED 灯(D18)点亮。

**4. 系统时钟**

EGo1 搭载一个 100 MHz 的时钟芯片,输出的时钟信号直接与 FPGA 全局时钟输入引脚(P17)相连。若设计中还需要其他频率的时钟,可以采用 FPGA 内部的 MMCM 生成。如附表 A-2 所示。

**附表 A-2　系统时钟**

| 名　称 | 原理图标号 | FPGA I/O PIN |
|---|---|---|
| 时钟引脚 | SYS_CLK | P17 |

**5. FPGA 配置**

EGo1 在开始工作前必须先配置 FPGA,板上提供以下方式配置 FPGA:

USB 转 JTAG 接口 J22;

6-pin JTAG 连接器接口 J3;

SPI Flash 上电自启动。

FPGA 的配置文件为后缀名. bit 的文件,用户可以通过上述的三种方法将该 bit 文件烧写到 FPGA 中,该文件可以通过 Vivado 工具生成,BIT 文件的具体功能由用户的原始设计文件决定。

在使用 SPI Flash 配置 FPGA 时,需要提前将配置文件写入到 Flash 中。Xilinx 开发工具 Vivado 提供了写入 Flash 的功能。板上 SPI Flash 型号为 N25Q32,支持 3.3V 电压配置。FPGA 配置成功后 D24 将点亮。如附图 A-2 所示。

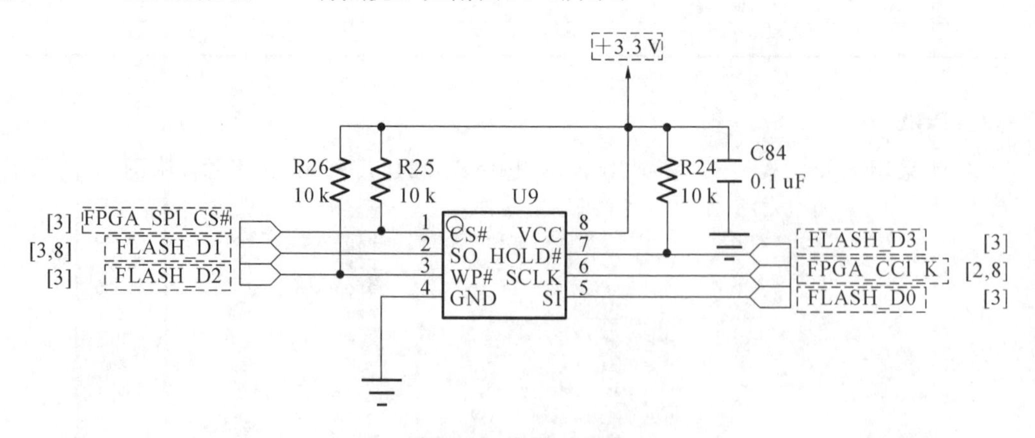


**附图 A-2　FPGA 配置**

**6. 通用 I/O 接口**

通用 I/O 接口外设包括 2 个专用按键、5 个通用按键、8 个拨码开关、1 个 8 位 DIP 开关、16 个 LED 灯、8 个七段数码管。

1) 按键

两个专用按键分别用于逻辑复位 RST(S6)和擦除 FPGA 配置 PROG(S5),当设计中不需要外部触发复位时,RST按键可以用作其他逻辑触发功能。如附图 A-3 和附表 A-3 所示。

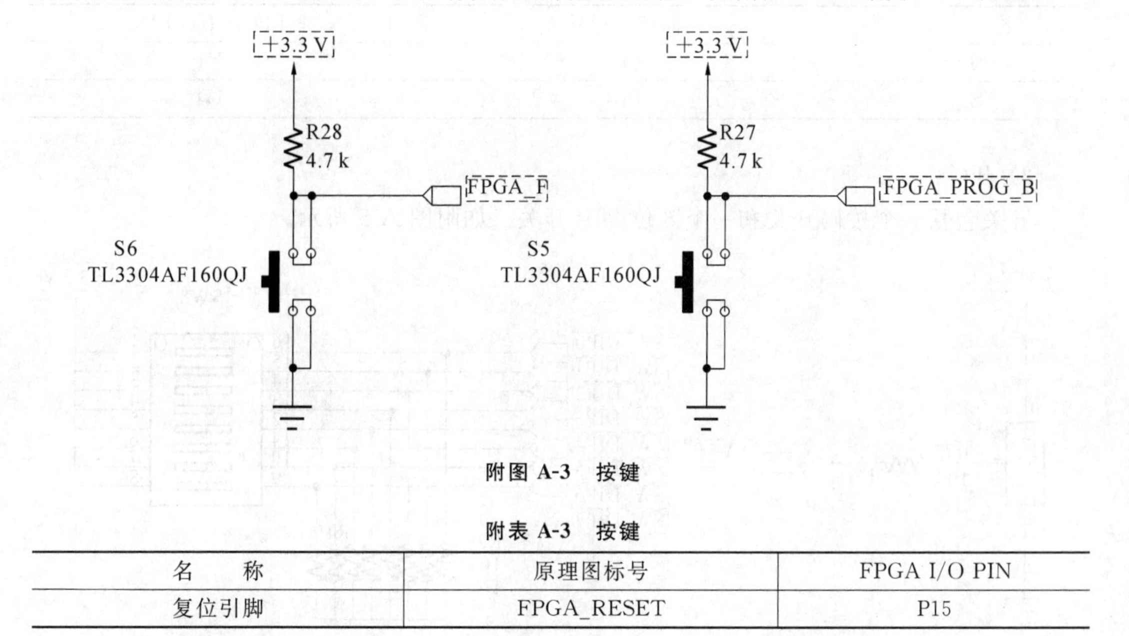


附图 A-3　按键

附表 A-3　按键

| 名　　称 | 原理图标号 | FPGA I/O PIN |
| --- | --- | --- |
| 复位引脚 | FPGA_RESET | P15 |

五个通用按键,默认为低电平,按键按下时输出高电平,如附图 A-4 所示。

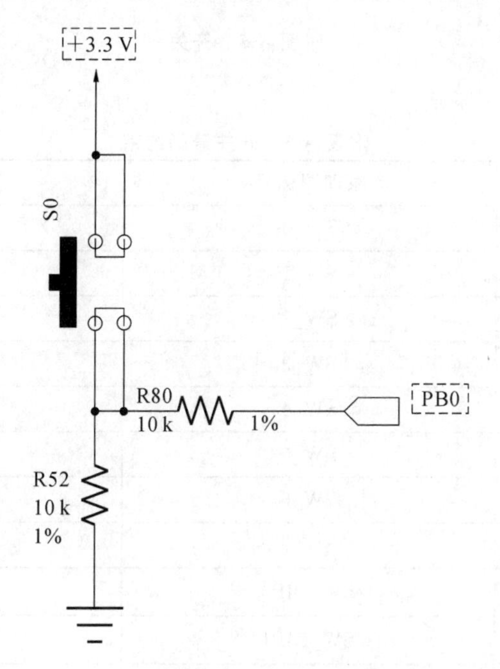


附图 A-4　通用按键

管脚约束如附表 A-4 所示。

附表 A-4　按键管脚约束

| 名　　称 | 原理图标号 | FPGA I/O PIN |
| --- | --- | --- |
| S0 | PB0 | R11 |
| S1 | PB1 | R17 |
| S2 | PB2 | R15 |

续表

| 名　　称 | 原理图标号 | FPGA I/O PIN |
|---|---|---|
| S3 | PB3 | V1 |
| S4 | PB4 | U4 |

2）开关

开关包括 8 个拨码开关和一个 8 位 DIP 开关。如附图 A-5 所示。

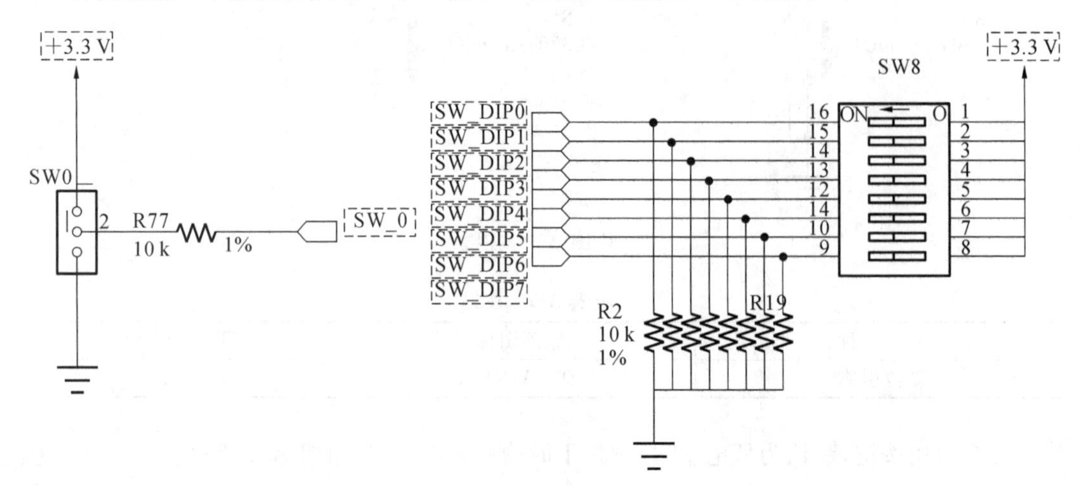


附图 A-5　开关

管脚约束如附表 A-5 所示。

附表 A-5　开关管脚约束

| 名　　称 | 原理图标号 | FPGA I/O PIN |
|---|---|---|
| SW0 | SW_0 | P5 |
| SW1 | SW_1 | P4 |
| SW2 | SW_2 | P3 |
| SW3 | SW_3 | P2 |
| SW4 | SW_4 | R2 |
| SW5 | SW_5 | M4 |
| SW6 | SW_6 | N4 |
| SW7 | SW_7 | R1 |
| SW8 | SW_DIP0 | U3 |
| | SW_DIP1 | U2 |
| | SW_DIP2 | V2 |
| | SW_DIP3 | V5 |
| | SW_DIP4 | V4 |
| | SW_DIP5 | R3 |
| | SW_DIP6 | T3 |
| | SW_DIP7 | T5 |

3）LED 灯

LED 灯在 FPGA 输出高电平时被点亮。如附图 A-6 所示。

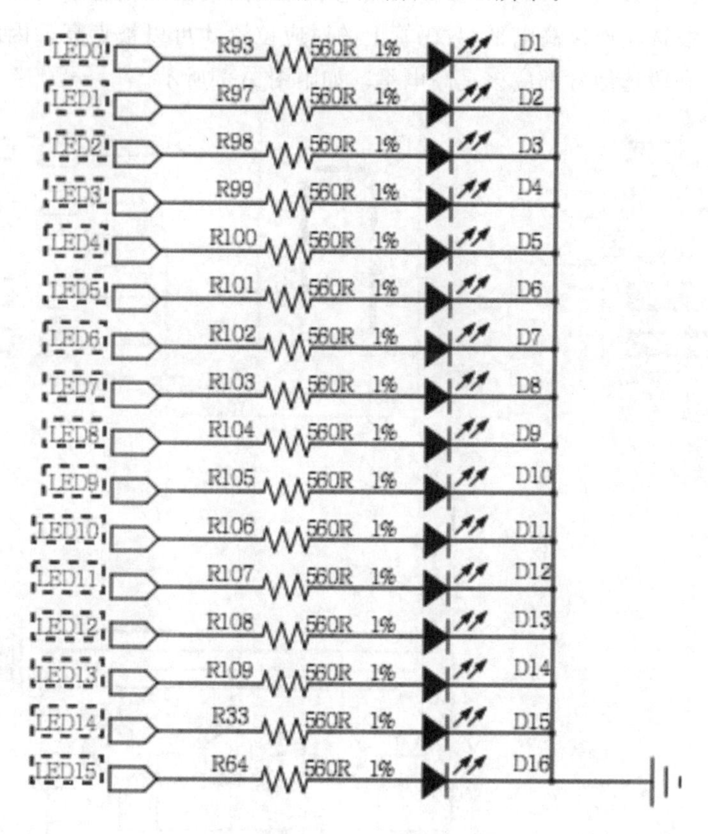


附图 A-6　LED 灯

管脚约束如附表 A-6 所示。

附表 A-6　LED 灯管脚约束

| 名　称 | 原理图标号 | FPGA I/O PIN | 颜　色 |
|---|---|---|---|
| D0 | LED0 | F6 | Green |
| D1 | LED1 | G4 | Green |
| D2 | LED2 | G3 | Green |
| D3 | LED3 | J4 | Green |
| D4 | LED4 | H4 | Green |
| D5 | LED5 | J3 | Green |
| D6 | LED6 | J2 | Green |
| D7 | LED7 | K2 | Green |
| D8 | LED8 | K1 | Green |
| D9 | LED9 | H6 | Green |
| D10 | LED10 | H5 | Green |
| D11 | LED11 | J5 | Green |
| D12 | LED12 | K6 | Green |
| D13 | LED13 | L1 | Green |
| D14 | LED14 | M1 | Green |
| D15 | LED15 | K3 | Green |

4）七段数码管

数码管为共阴极数码管，即公共极输入低电平。共阴极由三极管驱动，FPGA 需要提供正向信号。同时段选端连接高电平，数码管上的对应位置才可以被点亮。因此，FPGA 输出有效的片选信号和段选信号都应该是高电平。如附图 A-7 所示。

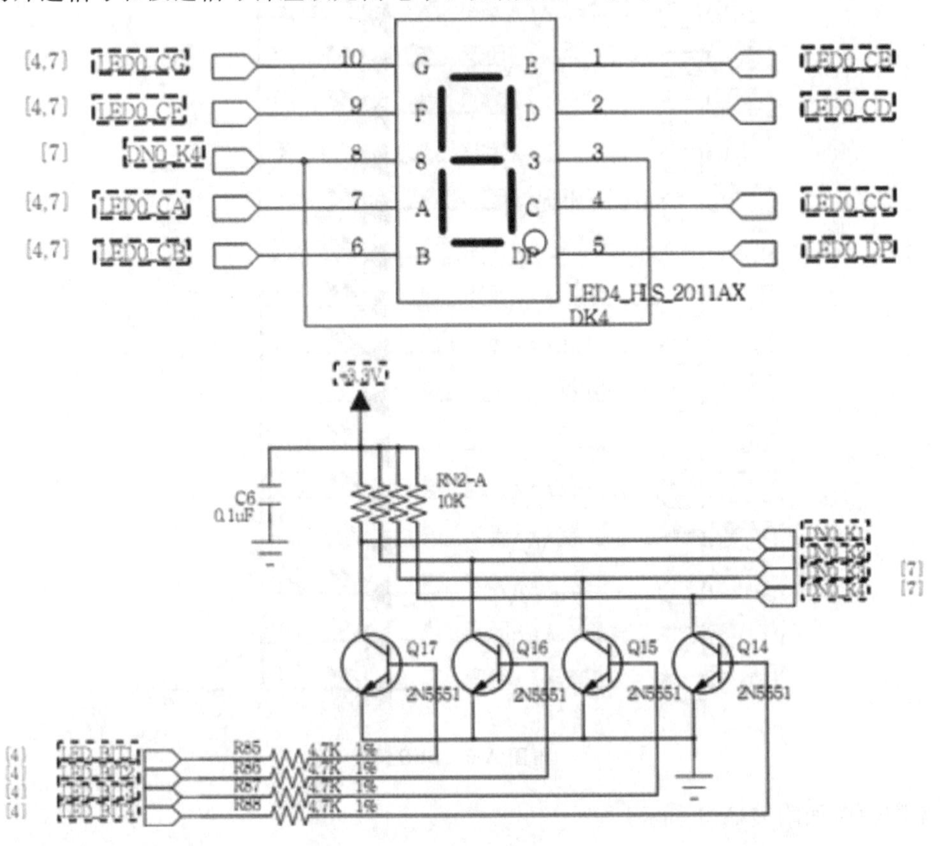


附图 A-7 七段数码管

管脚约束如附表 A-7 所示。

附表 A-7 七段数码管的管脚约束

| 名　　称 | 原理图标号 | FPGA I/O PIN |
|---|---|---|
| A0 | LED0_CA | B4 |
| B0 | LED0_CB | A4 |
| C0 | LED0_CC | A3 |
| D0 | LED0_CD | B1 |
| E0 | LED0_CE | A1 |
| F0 | LED0_CF | B3 |
| G0 | LED0_CG | B2 |
| DP0 | LED0_DP | D5 |
| A1 | LED1_CA | D4 |
| B1 | LED1_CB | E3 |
| C1 | LED1_CC | D3 |

续表

| 名　称 | 原理图标号 | FPGA I/O PIN |
|---|---|---|
| D1 | LED1_CD | F4 |
| E1 | LED1_CE | F3 |
| F1 | LED1_CF | E2 |
| G1 | LED1_CG | D2 |
| DP1 | LED1_DP | H2 |
| DN0_K1 | LED_BIT1 | G2 |
| DN0_K2 | LED_BIT2 | C2 |
| DN0_K3 | LED_BIT3 | C1 |
| DN0_K4 | LED_BIT4 | H1 |
| DN1_K1 | LED_BIT5 | G1 |
| DN1_K2 | LED_BIT6 | F1 |
| DN1_K3 | LED_BIT7 | E1 |
| DN1_K4 | LED_BIT8 | G6 |

**7. VGA 接口**

EGo1 上的 VGA 接口(J1)通过 14 位信号线与 FPGA 连接，红、绿、蓝三个颜色信号各占 4 位，另外还包括行同步和场同步信号。如附图 A-8 所示。

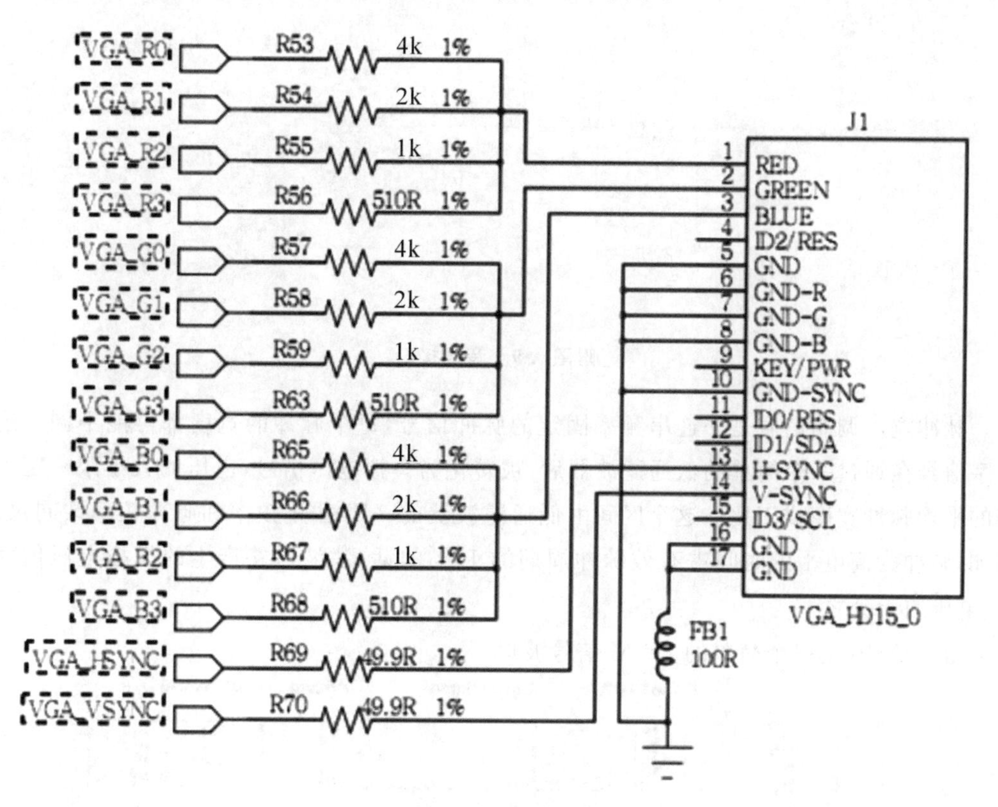


附图 A-8　VGA 接口

管脚约束如附表 A-8 所示。

附表 A-8　VGA 接口的管脚约束

| 名　称 | 原理图标号 | FPGA I/O PIN |
|---|---|---|
| RED | VGA_R0 | F5 |
| | VGA_R1 | C6 |
| | VGA_R2 | C5 |
| | VGA_R3 | B7 |
| GREEN | VGA_G0 | B6 |
| | VGA_G1 | A6 |
| | VGA_G2 | A5 |
| | VGA_G3 | D8 |
| BLUE | VGA_B0 | C7 |
| | VGA_B1 | E6 |
| | VGA_B2 | E5 |
| | VGA_B3 | E7 |
| H-SYNC | VGA_HSYNC | D7 |
| V-SYNC | VGA_VSYNC | C4 |

**8. 音频接口**

EGo1 上的单声道音频输出接口（J12）由附图 A-9 所示的低通滤波器电路驱动。滤波器的输入信号（AUDIO_PWM）是由 FPGA 产生的脉冲宽度调制信号（PWM）或脉冲密度调制信号（PDM）。低通滤波器将输入的数字信号转化为模拟电压信号输出到音频插孔上。如附图 A-9 所示。

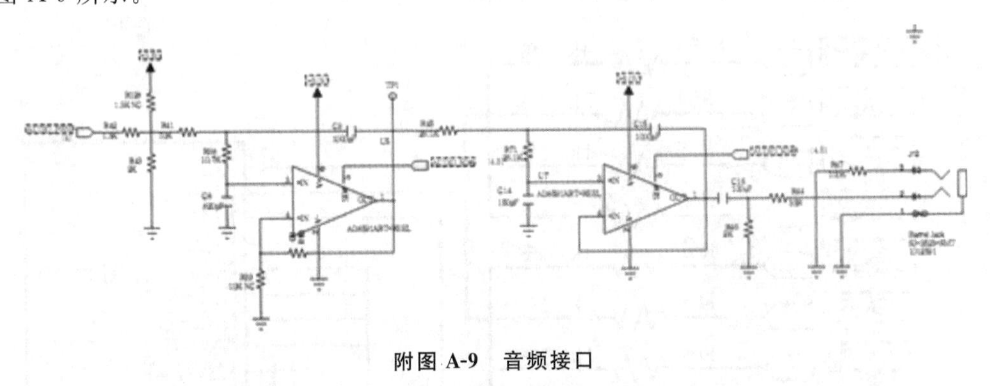

附图 A-9　音频接口

脉冲宽度调制信号是一连串频率固定的脉冲信号，每个脉冲的宽度都可能不同。这种数字信号在通过一个简单的低通滤波器后，被转化为模拟电压信号，电压的大小跟一定区间内的平均脉冲宽度成正比。这个区间由低通滤波器的 3dB 截止频率和脉冲频率共同决定。例如，脉冲为高电平的时间占有效脉冲周期的 10％的话，滤波电路产生的模拟电压值就是 $V_{dd}$电压的十分之一。

附图 A-10 是一个简单的 PWM 信号波形。

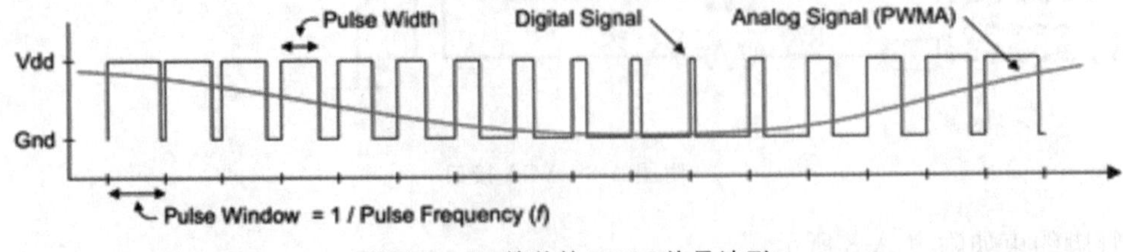


附图 A-10　简单的 PWM 信号波形

低通滤波器 3dB 频率要比 PWM 信号频率低一个数量级，这样 PWM 频率上的信号能量才能从输入信号中过滤出来。例如，要得到一个最高频率为 5 KHz 的音频信号，那么 PWM 信号的频率至少为 50 KHz 或者更高。通常，考虑到模拟信号的保真度，PWM 信号的频率越高越好。附图 A-11 是 PWM 信号整合之后输出模拟电压的过程示意图，可以看到滤波器输出信号幅度与 Vdd 的比值等于 PWM 信号的占空比。

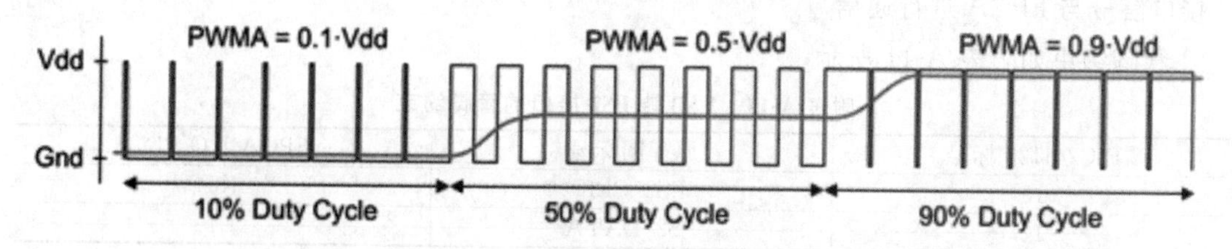


附图 A-11　PWM 信号整合之后输出模拟电压的过程示意图

管脚约束如附表 A-9 所示。

附表 A-9　脉冲宽度调制的管脚约束

| 名　称 | 原理图标号 | FPGA I/O PIN |
|---|---|---|
| AUDIO PWM | AUDIO_PWM | T1 |
| AUDIO SD | SUDIO_SD# | M6 |

**9. USB-UART/JTAG 接口**

该模块将 UART/JTAG 转换成 USB 接口。用户可以非常方便的直接采用 USB 线缆连接板卡与 PC 机 USB 接口，通过 Xilinx 的配置软件如 Vivado 完成对板卡的配置。同时也可以通过串口功能与上位机进行通信。

管脚约束如附表 A-10 所示。

附表 A-10　USB-UART/JTAG 接口的管脚约束

| 名　称 | 原理图标号 | FPGA I/O PIN |
|---|---|---|
| UART RX | UART_RX | T4(FPGA 串口发送端) |
| UART TX | UART_TX | N5(FPGA 串口接收端) |

UATR 的全称是通用异步收发器，是实现设备之间低速数据通信的标准协议。“异步”指不需要额外的时钟线进行数据的同步传输，双方约定在同一个频率下收发数据，此接口只需要两条信号线(RXD、TXD)就可以完成数据的相互通信，接收和发送可以同时进行，也就是全双工。

收发的过程，在发送器空闲时间，数据线处于逻辑 1 状态，当提示有数据要传输时，首先使数据线的逻辑状态为低，之后是 8 个数据位、一位校验位、一位停止位，校验一般是奇偶校验，停止位用于标示一帧的结束，接收过程亦类似，当检测到数据线变低时，开始对数据线以约定的频率抽样，完成接收过程。本例数据帧采用：无校验位，停止位为一位。

UART 的数据帧格式如附图 A-12 所示。

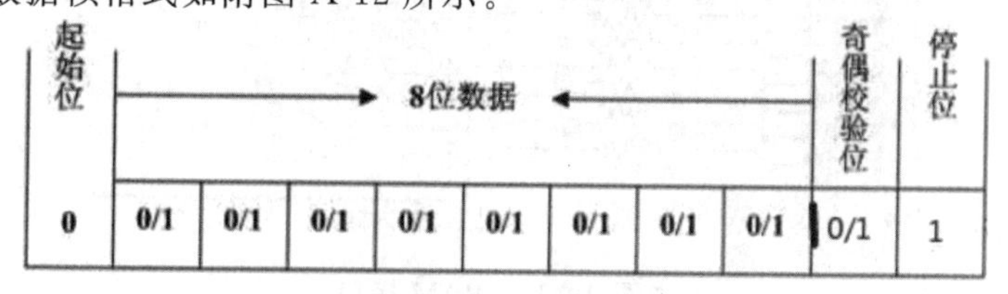


附图 A-12　UART 的数据帧格式

**10. USB 转 PS2 接口**

为方便用户直接使用键盘鼠标，EGo1 直接支持 USB 键盘鼠标设备。用户可将标准的 USB 键盘鼠标设备直接接入板上 J4 USB 接口，通过 PIC24FJ128，转换为标准的 PS/2 协议接口。该接口不支持 USB 集线器，只能连接一个鼠标或键盘。鼠标和键盘通过标准的 PS/2 接口信号与 FPGA 进行通信。

管脚约束如附表 A-11 所示。

**附表 A-11　USB 转 PS2 接口的管脚约束**

| PIC24J128 标号 | 原理图标号 | FPGA I/O PIN |
| --- | --- | --- |
| 15 | PS2_CLK | K5 |
| 12 | PS2_DATA | L4 |

**11. SRAM 接口**

板卡搭载的 IS61WV12816BLL SRAM 芯片，总容量 2Mbit。该 SRAM 为异步式 SRAM，最高存取时间可达 8ns。操控简单，易于读写。如附图 A-13 所示。

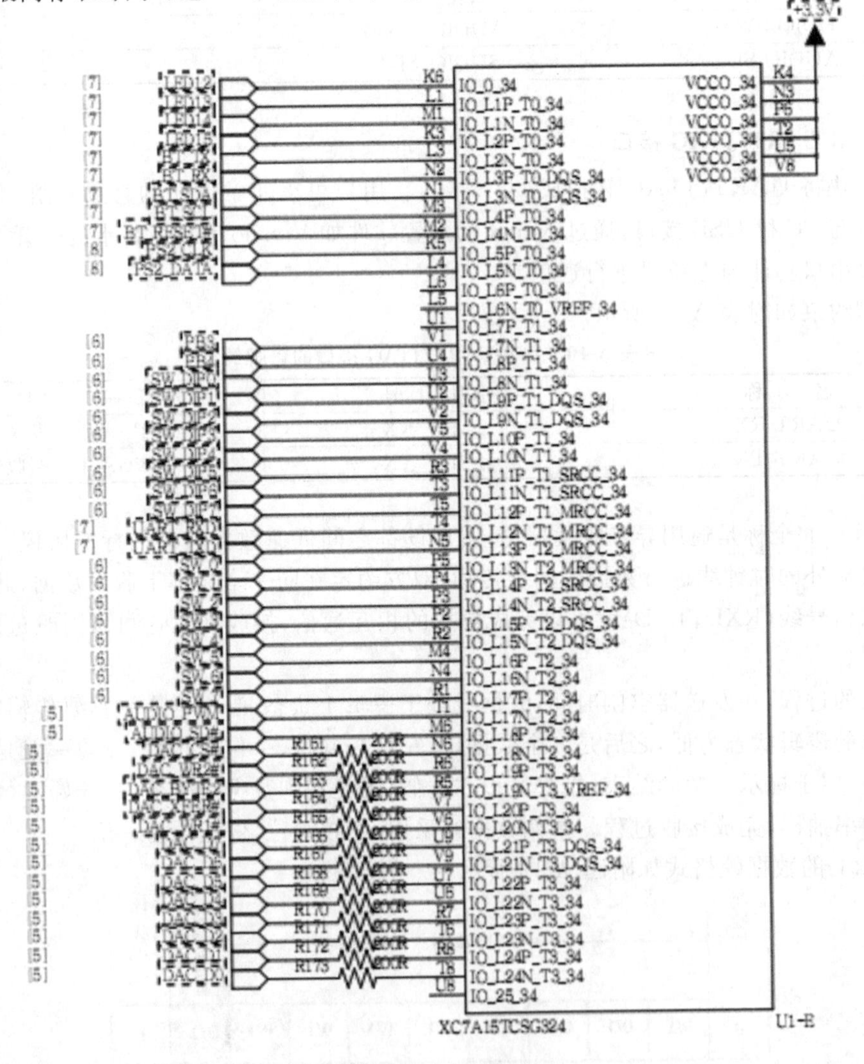


附图 A-13　SRAM 接口

SRAM 写操作时序如附图 A-14 所示(详细请参考 SRAM 用户手册)。

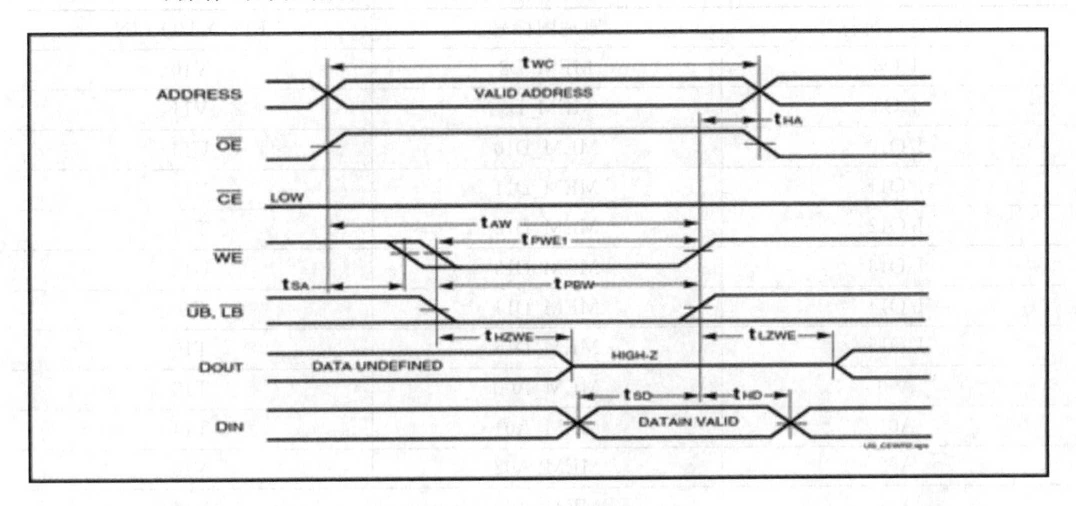


**附图 A-14　SRAM 写操作时序**

SRAM 读操作时序如附图 A-15 所示(详细请参考 SRAM 用户手册)。

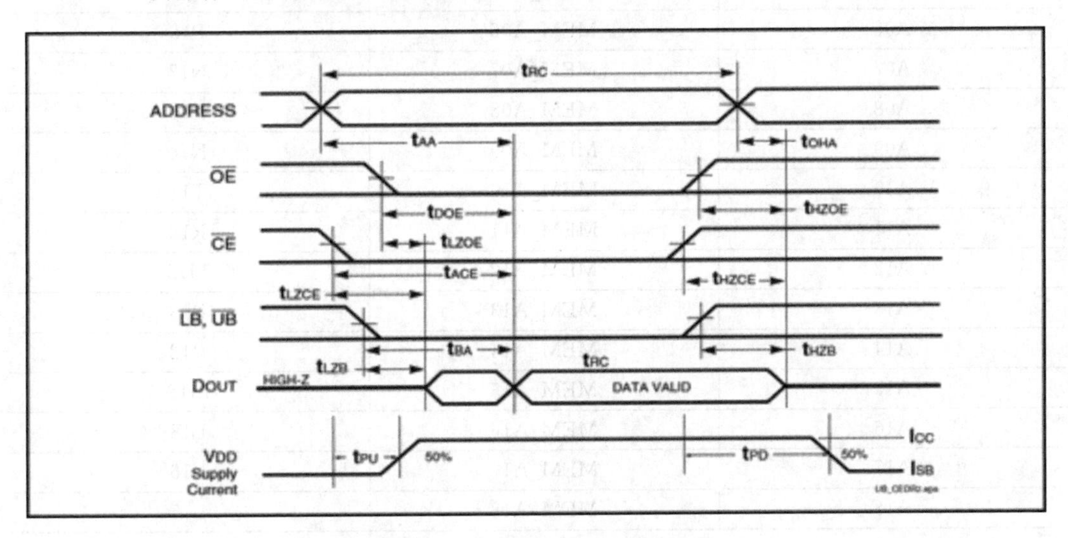


**附图 A-15　SRAM 读操作时序**

管脚约束如附表 A-12 所示。

**附表 A-12　SRAM 接口的管脚约束**

| SRAM 引脚标号 | 原理图标号 | FPGA I/O PIN |
|---|---|---|
| I/O0 | MEM_D0 | U17 |
| I/O1 | MEM_D1 | U18 |
| I/O2 | MEM_D2 | U16 |
| I/O3 | MEM_D3 | V17 |
| I/O4 | MEM_D4 | T11 |
| I/O5 | MEM_D5 | U11 |
| I/O6 | MEM_D6 | U12 |
| I/O7 | MEM_D7 | V12 |

续表

| SRAM 引脚标号 | 原理图标号 | FPGA I/O PIN |
| --- | --- | --- |
| I/O8 | MEM_D8 | V10 |
| I/O9 | MEM_D9 | V11 |
| I/O10 | MEM_D10 | U14 |
| I/O11 | MEM_D11 | V14 |
| I/O12 | MEM_D12 | T13 |
| I/O13 | MEM_D13 | U13 |
| I/O14 | MEM_D14 | T9 |
| I/O15 | MEM_D15 | T10 |
| A00 | MEM_A00 | T15 |
| A01 | MEM_A01 | T14 |
| A02 | MEM_A02 | N16 |
| A03 | MEM_A03 | N15 |
| A04 | MEM_A04 | M17 |
| A05 | MEM_A05 | M16 |
| A06 | MEM_A06 | P18 |
| A07 | MEM_A07 | N17 |
| A08 | MEM_A08 | P14 |
| A09 | MEM_A09 | N14 |
| A10 | MEM_A10 | T18 |
| A11 | MEM_A11 | R18 |
| A12 | MEM_A12 | M13 |
| A13 | MEM_A13 | R13 |
| A14 | MEM_A14 | R12 |
| A15 | MEM_A15 | M18 |
| A16 | MEM_A16 | L18 |
| A17 | MEM_A17 | L16 |
| A18 | MEM_A18 | L15 |
| OE | SRAM_OE# | T16 |
| CE | SRAM_CE# | V15 |
| WE | SRAM_WE# | V16 |
| UB | SRAM_UB | R16 |
| LB | SRAM_LB | R10 |

**12. 模拟电压输入**

Xilinx 7 系列的 FPGA 芯片内部集成了两个 12bit 位宽、采样率为 1MSPS 的 ADC，拥有多达 17 个外部模拟信号输入通道，为用户的设计提供了通用的、高精度的模拟输入接口。

附图 A-16 是 XADC 模块的框图。

XADC 模块有一专用的支持差分输入的模拟通道输入引脚(VP/VN)，另外还最多有 16 个辅助的模拟通道输入引脚(ADxP 和 ADxN，x 为 0 到 15)。

XADC 模块也包括一定数量的片上传感器用来测量片上的供电电压和芯片温度，这些

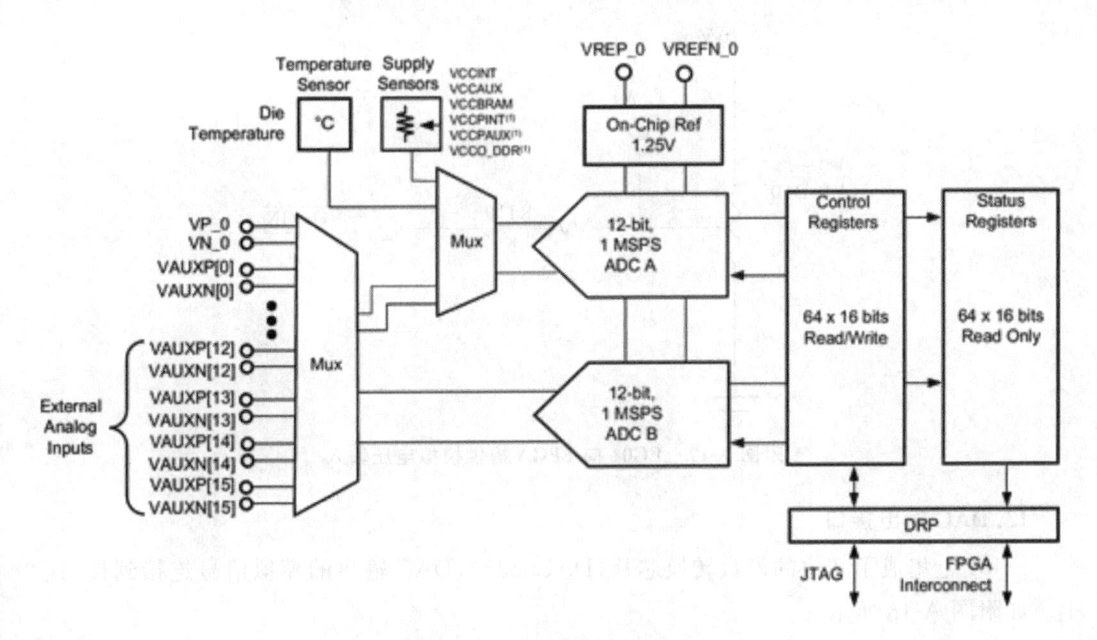


附图 A-16　XADC 模块框图

测量转换数据存储在一个叫状态寄存器(status registers)的专用寄存器内,可由 FPGA 内部叫动态配置端口(Dynamic Reconfiguration Port (DRP))的 16 位的同步读写端口访问。ADC 转换数据也可以由 JTAG TAP 访问,这种情况下并不需要去直接例化 XADC 模块,因为这是一个已经存在于 FPGA JTAG 结构的专用接口。此时因为没有在设计中直接例化 XADC 模块,XADC 模块就工作在一种预先定义好的模式叫缺省模式,缺省模式下 XADC 模块专用于监视芯片上的供电电压和芯片温度。

XADC 模块的操作模式是由用户通过 DRP 或 JTAG 接口写控制寄存器来选择的,控制寄存器的初始值有可能在设计中例化 XADC 模块时的块属性(block attributes)指定。模式选择是由控制寄存器 41H 的 SEQ3 到 SEQ0 比特决定,具体如附表 A-13 所示。

附表 A-13　模式选择原则

| SEQ3 | SEQ2 | SEQ1 | SEQ0 | Function |
|---|---|---|---|---|
| 0 | 0 | 0 | 0 | Default Mode |
| 0 | 0 | 0 | 1 | Single pass sequence |
| 0 | 0 | 1 | 0 | Continuous sequence mode |
| 0 | 0 | 1 | 1 | Single Channel mode (Sequencer Off) |
| 0 | 1 | X | X | Simultaneous Sampling Mode |
| 1 | 0 | X | X | Independent ADC Mode |
| 1 | 1 | X | X | Default Mode |

XADC 模块的使用方法,一是直接用 FPGA JTAG 专用接口访问,这时 XADC 模块工作在缺省模式;二是在设计中例化 XADC 模块,这是可以通过 FPGA 逻辑或 ZYNQ 器件的 PS 到 ADC 模块的专用接口访问(详细请参考 XADC 用户手册 ug480_7Series_XADC.pdf)。

EGo1 通过电位器(W1)向 FPGA 提供模拟电压输入,输入的模拟电压随着电位器的旋转在 0～1 V 之间变化。输入的模拟信号与 FPGA 的 C12 引脚相连,最终通过通道 1 输入到内部 ADC。如附图 A-17 所示。

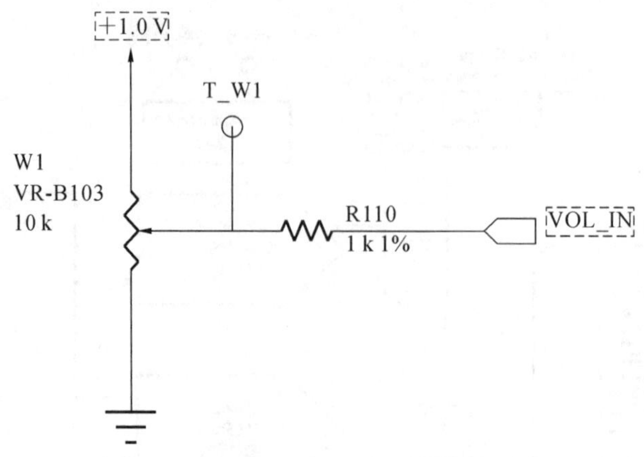


附图 A-17　EG01 向 FPGA 提供模拟电压输入

**13. DAC 输出接口**

EGo1 上集成了 8 位的模数转换芯片（DAC0832），DAC 输出的模拟信号连接到接口 J2 上。如附图 A-18 所示。

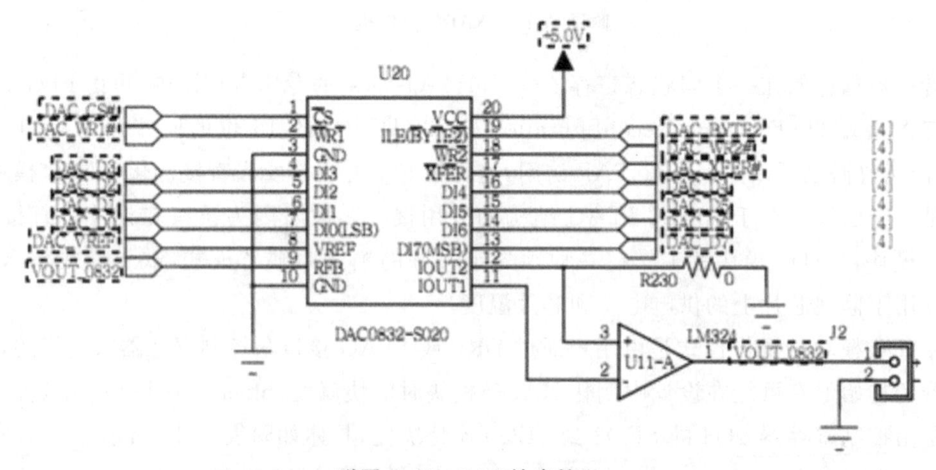


附图 A-18　DAC 输出接口

附图 A-19 是 DAC0832 的操作时序图（详细请参考 DAC0832 用户手册）。

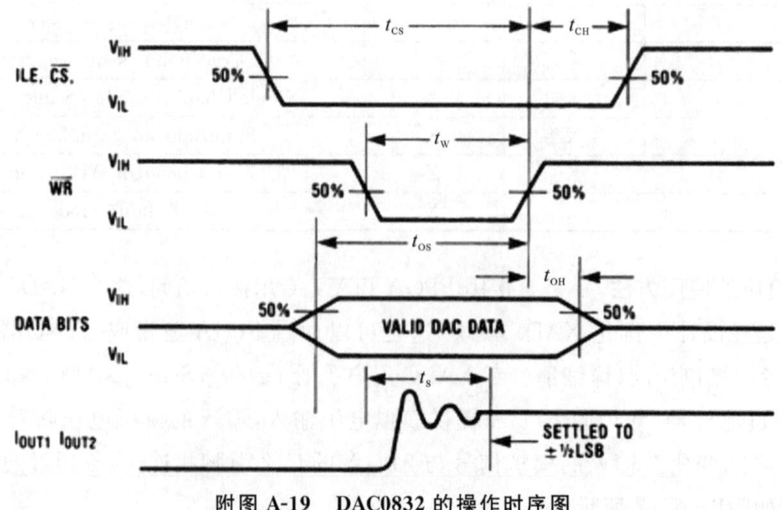


附图 A-19　DAC0832 的操作时序图

管脚约束如附表 A-14 所示。

**附表 A-14　DAC 输出接口的管脚约束**

| DAC0832 引脚标号 | 原理图标号 | FPGA I/O PIN |
|---|---|---|
| DI0 | DAC_D0 | T8 |
| DI1 | DAC_D1 | R8 |
| DI2 | DAC_D2 | T6 |
| DI3 | DAC_D3 | R7 |
| DI4 | DAC_D4 | U6 |
| DI5 | DAC_D5 | U7 |
| DI6 | DAC_D6 | V9 |
| DI7 | DAC_D7 | U9 |
| ILE(BYTE2) | DAC_BYTE2 | R5 |
| CS | DAC_CS# | N6 |
| WR1 | DAC_WR1# | V6 |
| WR2 | DAC_WR2# | R6 |
| XFER | DAC_XFER# | V7 |

**14. 蓝牙模块**

EGo1 上集成了蓝牙模块(BLE-CC41-A),FPGA 通过串口和蓝牙模块进行通信。波特率支持 1200,2400,4800,9600,14400,19200,38400,57600,115200 和 230400bps。串口缺省波特率为 9600bps。该模块支持 AT 命令操作方法。如附图 A-20 所示。

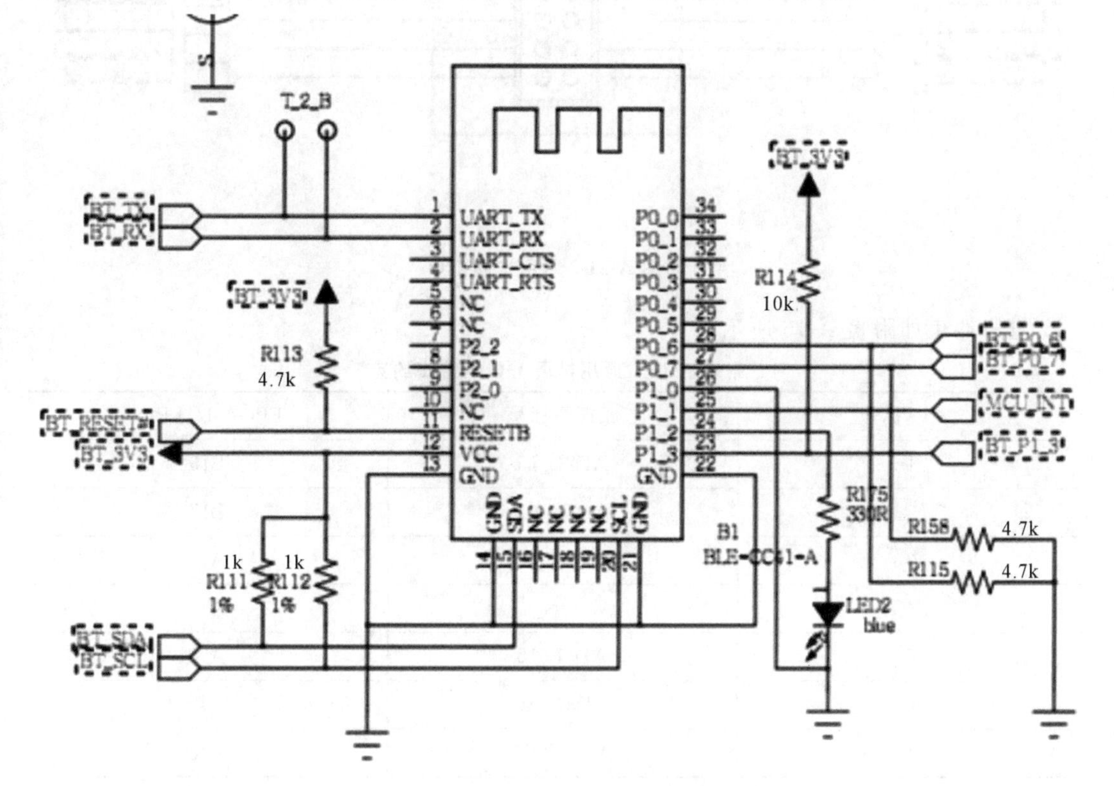


附图 A-20　蓝牙模块

管脚约束如附表 A-15 所示。

附表 A-15 蓝牙模块的管脚约束

| BLE-CC41-A 标号 | 原理图标号 | FPGA I/O PIN |
|---|---|---|
| UART_RX | BT_RX | N2(FPGA 串口发送端) |
| UART_TX | BT_TX | L3(FPGA 串口接收端) |

**15. 通用扩展 I/O**

EGo1 上为用户提供了灵活的通用接口(J5)用来作 I/O 扩展,共提供 32 个双向 I/O,每个 I/O 支持过流过压保护。如附图 A-21 所示。

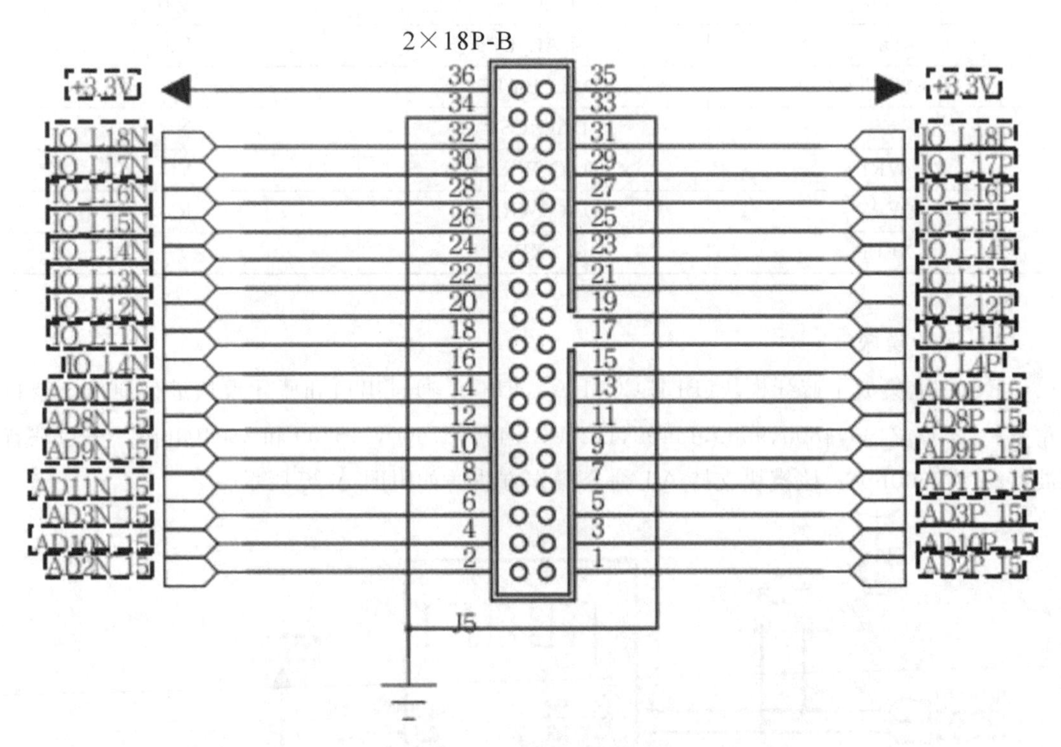


附图 A-21 通用扩展 I/O

管脚约束如附表 A-16 所示。

附表 A-16 通用扩展 I/O 的管脚约束

| 2×18 标号 | 原理图标号 | FPGA I/O PIN |
|---|---|---|
| 1 | AD2P_15 | B16 |
| 2 | AD2N_15 | B17 |
| 3 | AD10P_15 | A15 |
| 4 | AD10N_15 | A16 |
| 5 | AD3P_15 | A13 |
| 6 | AD3N_15 | A14 |
| 7 | AD11P_15 | B18 |

续表

| 2×18标号 | 原理图标号 | FPGA I/O PIN |
| --- | --- | --- |
| 8 | AD11N_15 | A18 |
| 9 | AD9P_15 | F13 |
| 10 | AD9N_15 | F14 |
| 11 | AD8P_15 | B13 |
| 12 | AD8N_15 | B14 |
| 13 | AD0P_15 | D14 |
| 14 | AD0N_15 | C14 |
| 15 | IO_L4P | B11 |
| 16 | IO_L4N | A11 |
| 17 | IO_L11P | E15 |
| 18 | IO_L11N | E16 |
| 19 | IO_L12P | D15 |
| 20 | IO_L12N | C15 |
| 21 | IO_L13P | H16 |
| 22 | IO_L13N | G16 |
| 23 | IO_L14P | F15 |
| 24 | IO_L14N | F16 |
| 25 | IO_L15P | H14 |
| 26 | IO_L15N | G14 |
| 27 | IO_L16P | E17 |
| 28 | IO_L16N | D17 |
| 29 | IO_L17P | K13 |
| 30 | IO_L17N | J13 |
| 31 | IO_L18P | H17 |
| 32 | IO_L18N | G17 |

# 参考文献


[1] 余孟尝.数字电子技术基础简明教程[M].3版.北京:高等教育出版社,2006.

[2] 阎石.数字电子技术基础[M].5版.北京:高等教育出版社,2006.

[3] 刘守义.数字电子技术基础[M].2版.北京:清华大学出版社,2010.

[4] 潘松,黄继业.EDA技术实用教程[M].5版.北京:科学出版社,2013.

[5] 王金明.数字系统设计与Verilog HDL[M].5版.北京:电子工业出版社,2014.

[6] Digilentinc Basys 3™ FPGA Board Reference Manual.[OL]＜https://reference.digilentinc.com/_media/basys3:basys3_rm.pdf＞.

[7] EGo1用户手册[OL]＜http://e-elements.readthedocs.io/zh/ego1_v2.1/＞.

[8] Xilinx-All Programmable.[OL]＜http://www.xilinx.com/products/boards-and-kits/1-54wqge.html＞.